数控车削编程加工实例教程

（任务工单）

主　编　姚瑞敏　秦卫伟　吴榜洲
副主编　亓　立　张晶辉　荆登峰　汪顺国
主　审　高霄华

北京理工大学出版社
BEIJING INSTITUTE OF TECHNOLOGY PRESS

目　录

下篇　实践篇

下篇 实践篇

项目一　典型企业轴类产品的编程与加工

项目导读

　　轴在机械中是一种重要的机械元件，主要起支撑、旋转、传递扭矩的作用，轴的质量、精度和材料直接影响机械的准确性、稳定性和使用寿命。轴类零件加工是数控车削加工中一项非常基本的任务，是数控车削加工其他零件的基础。本项目通过企业轴类产品零件加工任务的学习和实施，使学生熟悉数控刀具的选用、零件加工方案的制订、夹具和装夹方式的选择、切削用量的确定、基本指令的运用、数控加工程序的编制、加工精度的控制、数控加工工序卡的填写、零件的检测和实际操作等方面的知识，并最终掌握一般轴类零件的加工工艺。

学习目标

1. 知识目标

　　（1）掌握 G00、G01、G90、G94、G71、G73、G70 等编程指令的应用及手工编程方法，完成零件的编程。

　　（2）掌握常用的试切对刀方法，完成刀具的正确对刀。

　　（3）理解轴类零件的加工工艺制定原则与方法。

　　（4）掌握轴类零件数控车削加工的定位、校正、装夹方法和原理。

　　（5）掌握游标卡尺、外径千分尺等常用量具的结构及使用方法。

2. 能力目标

　　（1）能够根据零件的精度及技术要求，制订合理的加工方案。

　　（2）能够正确运用编程指令编制零件数控车削加工程序。

　　（3）能够根据数控车床操作规程，独立完成对工件的自动加工操作，在精加工前对加工程序进行校验，测量工件并输入刀补值，控制零件尺寸精度。

　　（4）能够进行轮廓尺寸精度的测量及尺寸精度的分析。

3. 素质目标

　　（1）树立安全文明生产和车间现场 6S 管理意识。

　　（2）培养良好的道德品质、沟通协调能力、团队合作精神和一丝不苟的敬业精神。

　　（3）具备严谨细心、全面、追求卓越、高效、精益求精的职业素质。

　　项目一学习过程如图 1.0.1 所示。

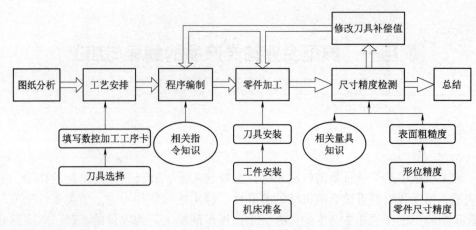

图 1.0.1　项目一学习过程

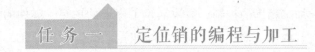

定位销的编程与加工

　　定位销是一种机械连接件，常作为零件或装配体中的定位元件使用。定位销在机械制造、汽车制造、仪器仪表制造等领域应用广泛，它的重要性不容忽视。本任务要求学生能够根据企业生产任务单制定零件加工工艺，编写零件加工程序，在数控车床上进行实际加工操作，并对加工后的零件进行检测、评价，最后以小组为单位对零件成果进行总结。

任务导入

一、企业生产任务单

　　定位销生产任务单如表 1.1.1 所示。

表 1.1.1　定位销生产任务单

单位名称								
产品清单	序号	零件名称	毛坯外形尺寸	数量	材料	出单日期	交货日期	技术要求
	1	定位销	ϕ70 mm×81 mm	30 个	45 钢	2023.4.14	2023.4.20	见图纸
出单人签字： 日期：___年___月___日				接单人签字： 日期：___年___月___日				

二、 定位销产品与零件图

定位销产品与零件图如图 1.1.1 所示。

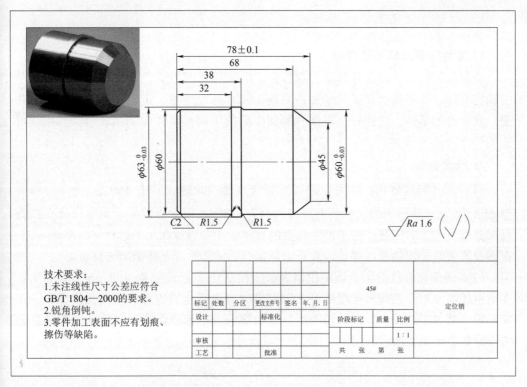

图 1.1.1 定位销产品与零件图

学习环节一 零件工艺分析

学习目标

（1）能够阅读企业生产任务单，明确工作任务，制订合理的工作进度计划。

（2）能够根据零件图和技术资料，进行定位销零件工艺分析。

（3）能够根据加工工艺、定位销零件材料和形状特征等选择刀具和刀具的几何参数，并确定数控车削加工合理的切削用量。

（4）能够合理制订定位销的加工方案，并填写数控加工工序卡。

学习过程

一、零件图工艺信息分析

1. 零件轮廓几何要素分析

该定位销的加工面由外圆面、圆弧面、端面等表面组成，形状规则，是最简单的轴类零件。其各几何元素之间关系明确，尺寸标准完整、正确，有统一的设计基准。该零件的结构工艺性好，零件一侧加工后便于调头装夹加工；其形状规则，可选用标准刀具进行加工。

2. 精度分析

（1）尺寸精度分析：该定位销尺寸标注完整、正确，其中 $\phi 60_{-0.03}^{0}$ mm 外圆面与 $\phi 63_{-0.03}^{0}$ mm 外圆面的尺寸公差等级为 IT7，加工精度要求较高，是本任务在实施时需要重点考虑的问题。对于尺寸精度的要求，主要通过在加工过程中的准确对刀、正确设置刀具补偿值及摩耗，以及正确制定合适的加工工艺等措施来保证。

（2）表面粗糙度分析：该定位销表面粗糙度要求全部为 Ra 1.6 μm，表面质量要求也较高。对于表面粗糙度的要求，主要通过选用合适的刀具及其几何参数，正确的粗、精加工路线，合理的切削用量及切削液等措施来保证。定位销工艺信息分析卡片如表 1.1.2 所示。

表 1.1.2　定位销工艺信息分析卡片

分析内容	分析理由
形状及尺寸大小	该零件的加工面由外圆面、圆弧面、端面等表面组成，形状规则，是典型的轴类零件。可选择现有的设备型号为 TK50、系统为 FANUC Series 0i – TF 的卧式数控车床，刀具选两把即可完成
结构工艺性	该零件的结构工艺性好，零件一侧加工后便于调头装夹加工。形状规则，可选用标准刀具进行加工
几何要素及尺寸标注	该零件轮廓几何要素定义完整，尺寸标注符合数控加工要求，有统一的设计基准，且便于加工、测量
精度及表面粗糙度	该零件外轮廓尺寸精度要求公差等级为 IT7 级。表面粗糙度要求最高为 Ra 1.6 μm。精度和表面粗糙度要求较高
材料及热处理	该零件所用材料为 45 钢，经正火、调质、淬火后具有一定的强度、韧性和耐磨性，经正火后硬度为 170～230 HB，经调质后硬度为 220～250 HB，加工性能等级代号为 4，属较易切削金属。该零件对刀具材料无特殊要求，因此，选用硬质合金刀具或涂层材料刀具均可。在加工时不宜选择过大的切削用量，在切削过程中根据加工条件可加切削液
其他技术要求	该零件要求去除毛刺飞边，加工完可用锉刀、砂纸、刮刀等去除
定位基准及生产类型	该零件生产类型为成批生产，因此，要按成批生产类型制定工艺规程。定位基准可选在外圆表面

问题记录：_____

_____

二、 刀具、 工具及量具的选择

数控车床一般均使用机夹可转位车刀。本定位销加工选用株洲钻石系列刀具，刀片材料采用硬质合金。数控车床加工定位销刀具卡如表 1.1.3 所示，数控车床加工定位销工具及量具清单如表 1.1.4 所示。

表 1.1.3　数控车床加工定位销刀具卡

序号	刀具号	刀具名称	刀具参数			刀片材料	偏置号	刀杆型号
			刀尖半径/mm	刀尖方位	刀片型号			
1	T01	外圆粗车刀	0.8	3	CNMG120408 – DR	硬质合金	1	DCLNR2525M09
2	T02	外圆精车刀	0.4	3	VNMG160404 – DF	硬质合金	2	DVJNR2525M16

表 1.1.4　数控车床加工定位销工具及量具清单

分类	名称	尺寸规格	数量	备注
量具	游标卡尺	0 ~ 150 mm	1 把	
	外径千分尺	50 ~ 75 mm	1 把	
	百分表及表座	0.01/0 ~ 10 mm	1 套	
	表面粗糙度样板		1 套	
工具	铜棒、铜皮		自定	铜皮宽度为 25 mm
	活动扳手	300 mm × 24 mm	自定	
	护目镜等安全装备		1 套	

三、 确定零件定位基准和装夹方式

由于工件是一根实心轴，轴的长度不是太长，因此，采用三爪自定心卡盘装夹。

四、 确定对刀点及对刀

将工件右端面中心点设为工件坐标系的原点。

五、 制订加工方案

工序一简图如图 1.1.2 所示。

（1） 三爪自定心卡盘夹持零件的毛坯外圆，伸出长度为 55 mm。

（2） 粗加工外圆锥面、$\phi63_{-0.03}^{0}$ mm 和 $\phi60_{-0.03}^{0}$ mm 外圆柱面、$R1.5$ 圆弧面。

（3） 精加工各段外形轮廓面至要求尺寸。

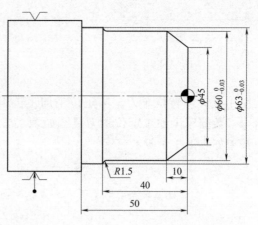

图 1.1.2　工序一简图

工序二简图如图 1.1.3 所示。

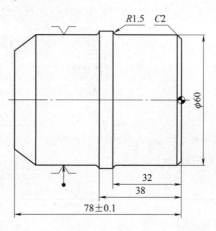

图 1.1.3　工序二简图

（4）调头装夹，伸出长度为 40 mm。

注：装夹时垫入铜片，以免夹伤已加工部分。

（5）百分表打表找正。

（6）车削端面保证总长为 78 mm。

（7）粗加工 ϕ60 mm 外圆面、C2 倒角、R1.5 圆弧面。

（8）精加工 ϕ60 mm 外圆面、C2 倒角、R1.5 圆弧面。

六、确定切削用量

按照切削用量的选择原则（见表 1.1.5），通过查阅《切削用量手册》，如表 1.1.6 所示，结合实际加工经验、工件的加工精度及表面质量、工件的材料性质、刀具的种类及形状、刀柄的刚性等诸多因素，分别确定背吃刀量、切削速度、进给量。

表 1.1.5　切削用量的选择原则

加工性质	加工目的	选择步骤	选择原则	选择原因
粗加工	尽快去除工件的加工余量	选择背吃刀量	在保证机床动力和工艺系统刚度的前提下，尽可能选择较大的背吃刀量	背吃刀量对刀具使用寿命的影响最小，同时，选择较大的背吃刀量也可以提高加工效率
		选择进给量	在保证工艺装配且技术条件允许的前提下，选择较大的进给量	进给量对刀具使用寿命的影响比背吃刀量要大，但比切削速度对刀具使用寿命的影响要小
		选择切削速度	根据刀具寿命选择合适的切削速度	切削速度对刀具使用寿命的影响最大，切削速度越快，刀具越容易磨损
精加工	保证工件最终的尺寸精度和表面质量	选择背吃刀量	根据工件的尺寸精度选择合适的背吃刀量	背吃刀量对尺寸精度的影响较大，背吃刀量大，尺寸精度难以保证；反之，则尺寸精度容易保证
		选择进给量	根据工件的表面粗糙度要求选择合适的进给量	进给量的大小直接影响工件的表面粗糙度。通常，进给量越小，表面粗糙度值越小，得到的工件表面越光洁
		选择切削速度	根据切削刀具的刀具寿命选择合适切削速度	切削速度对刀具使用寿命的影响最大，切削速度越快，刀具越容易磨损

表 1.1.6　硬质合金外圆车刀切削速度参考值

工件材料	热处理状态	$a_p = 0.3 \sim 2$ mm $f = 0.08 \sim 0.3$ mm/r	$a_p = 2 \sim 6$ mm $f = 0.3 \sim 0.6$ mm/r	$a_p = 6 \sim 10$ mm $f = 0.6 \sim 1$ mm/r
		$v /$ （m · min^{-1}）		
低碳钢（易切钢）	热轧	140 ~ 180	100 ~ 200	70 ~ 90
中碳钢	热轧	130 ~ 160	90 ~ 110	60 ~ 80
	调质	100 ~ 130	70 ~ 90	50 ~ 70
合金结构钢	热轧	100 ~ 130	70 ~ 90	50 ~ 70
	调质	80 ~ 110	50 ~ 70	40 ~ 60
工具钢	退火	90 ~ 20	60 ~ 80	50 ~ 70

续表

工件材料	热处理状态	$a_p = 0.3 \sim 2$ mm $f = 0.08 \sim 0.3$ mm/r	$a_p = 2 \sim 6$ mm $f = 0.3 \sim 0.6$ mm/r	$a_p = 6 \sim 10$ mm $f = 0.6 \sim 1$ mm/r
		v/ (m · min^{-1})		
灰铸铁	HBS < 190	90 ~ 120	60 ~ 80	50 ~ 70
	190 < HBS < 225	80 ~ 110	50 ~ 70	40 ~ 60
高锰钢		10 ~ 20		
铜及铜合金		200 ~ 250	120 ~ 180	90 ~ 120
铝及铝合金		300 ~ 600	200 ~ 400	150 ~ 200
铸铝合金		100 ~ 180	80 ~ 150	60 ~ 100

问题记录：_____

（1）背吃刀量 a_p。在粗加工时，背吃刀量的选择主要与切削力的大小和车削工艺系统的刚性有关。当机床刚性足够时，在保留精加工、半精加工余量的前提下，应尽可能选择较大的背吃刀量以减少走刀次数，提高效率。精加工、半精加工余量较小，常一刀车削完成，因此，数控车削所留精加工、半精加工余量比普通车削加工小一些，常取 0.1 ~ 0.5 mm（单边）。

（2）进给量 f。进给量是指刀具在进给运动方向上相对工件的位移量，其值与加工性质有密切关系。在加工外圆面、端面的过程中，粗加工进给量取 0.2 ~ 0.4 mm/r，精加工进给量取 0.05 ~ 0.2 mm/r。

（3）切削速度 v。切削速度的选择与刀具材料、工件材料、加工性质、电动机功率有关，通过查阅工具手册或根据实践经验数值来确定。

编程人员在选取切削用量时，一定要根据机床说明书的要求和刀具耐用度，选择适合机床特点及刀具最佳耐用度的切削用量。当然也可以凭经验，采用类比法确定切削用量。不管什么方法选取切削用量，都要保证刀具的耐用度能完成一个零件的加工，或保证刀具耐用度不低于一个工作班次，最小也不能低于半个工作班次。

七、填写数控加工工序卡

定位销数控加工工序卡如表 1.1.7 所示。

表 1.1.7　定位销数控加工工序卡

单位名称	零件名称			车间		姓名	
	夹具名称	材料牌号 45钢	毛坯规格 $\phi70\ mm \times 81\ mm$	学号		成绩	
	程序号 00001	设备				备注	

工步号	工步内容	刀具号	量具选用 名称	量程/mm	主轴转速/($r \cdot min^{-1}$)	进给量/($mm \cdot r^{-1}$)	背吃刀量/mm	备注
					切削用量			
				工序一				
1	装夹毛坯							将工件用三爪自定心卡盘夹紧，伸出长度约为 55 mm
2	加工右端面	T01	外径千分尺	50~75	800	0.1	0.5	机床自动加工，去除大部分表面余量，满足精加工余量均匀。手动测量精加工余量
3	粗加工右端 $\phi63_{-0.03}^{\ 0}$ mm 和 $\phi60_{-0.03}^{\ 0}$ mm 外圆面、锥面、R1.5 圆弧面	T01	外径千分尺	50~75	800	0.2	2.0	
4	精加工右端 $\phi63_{-0.03}^{\ 0}$ mm 和 $\phi60_{-0.03}^{\ 0}$ mm 外圆面、锥面、R1.5 圆弧面	T02	外径千分尺	50~75	1 000	0.1	0.5	手动测量剩余余量，修改磨损，机床自动运行去除剩余余量后，再次测量，达到图纸要求
				工序二				
5	调头装夹工件，夹紧 $\phi60_{-0.03}^{\ 0}$ mm 外圆							伸出长度为 40 mm。装夹时垫入铜片，以免夹伤已加工部分

续表

工步号	工步内容	程序号	刀具号	量具选用		切削用量			备注
				名称	量程/mm	主轴转速/(r·min⁻¹)	进给量/(mm·r⁻¹)	背吃刀量/mm	
6	百分表打表找正								运用夹特百分表的磁力表座吸附在工件周围，表针接触并压紧。在精加工表面时，手动转动卡盘，找到工件最高点，并敲击工件毛坯面，让指针浮动在最小范围
7	加工左端面		T01	游标卡尺	0~150	1 000	0.1	0.5	保证总长为 (78±0.1) mm
8	粗加工左端 φ60 mm 外圆面、R1.5 圆弧面	00002	T01	游标卡尺	0~150	800	0.2	2.0	机床自动加工，去除大部分表面余量，满足精加工余量均匀，手动测量精加工余量
9	精加工左端 φ60 mm 外圆面、R1.5 圆弧面并倒角		T02	外径千分尺	50~75	1 000	0.1	0.5	手动测量剩余余量，修改磨损，机床自动运行去除剩余余量后，再次测量，达到图纸要求
10	锐边倒钝、去毛刺								锉刀、砂纸、刮刀等皆可去除
编制		审核		卸下工件、保养机床		批准		共 页	第 页

问题记录：

学习环节二　数控车削加工程序的编制

学习目标

（1）能够根据零件图基点坐标，写出绝对坐标、相对坐标的数值。

（2）能够根据直线指令和简单循环指令，写出 G00、G01、G90、G94 指令的格式及各参数的含义。

（3）能够正确选用数控车削加工指令，完成定位销数控车削加工程序的编制。

学习过程

定位销数控车削加工程序参考如表 1.1.8 所示。

表 1.1.8　定位销数控车削加工程序参考

程序段号	加工程序	程序说明
	O0001;	加工右端
N10	G99 G40 G21 G18;	程序初始化
N20	T0101;	换 1 号刀具，取 1 号刀具补偿值
N30	M03 S800 M08;	主轴正转，转速为 800 r/min，打开 1 号切削液
N40	G00 X75 Z5;	快速定位至端面切削单循环指令起点
N50	G94 X–1 Z0 F0.1;	端面切削单循环指令加工端面
N60	G90 X66 Z–48 F0.2;	第 1 次内外圆切削单循环指令粗加工 $\phi63_{-0.03}^{0}$ mm 外圆面
N70	X64 Z–48;	第 2 次内外圆切削单循环指令粗加工 $\phi63_{-0.03}^{0}$ mm 外圆面
N80	X61 Z–38;	内外圆切削单循环指令粗加工 $\phi60_{-0.03}^{0}$ mm 外圆面
N90	X66 Z–9 R–5.25;	内外径循环加工锥面
N100	X61 Z–9 R–5.25;	内外圆切削单循环指令粗加工锥面
N110	G00 X100 Z100;	快速远离工件
N120	M00 M05 M09;	程序停止，主轴停转，关闭切削液
N130	M03 S1000 T0202;	换 2 号刀具，取 2 号刀具补偿值，转速为 1 000 r/min
N140	G00 G42 X39 Z4 M08;	快速定位至加工锥面起刀点，打开 1 号切削液
N150	G01 X60 Z–10 F0.1;	精加工锥面
N160	W–28.5;	精加工 $\phi63_{-0.03}^{0}$ mm 外圆面

程序段号	加工程序	程序说明
N170	G02 X63 W−1.5 R1.5;	精加工 R1.5 圆弧面
N180	G01 Z−48;	精加工 $\phi 60_{-0.03}^{0}$ mm 外圆面
N190	X75;	X 轴方向离开工件
N200	G00 G40 X100 Z100;	快速远离工件
N210	M05 M09;	主轴停转，关闭切削液
N220	M30;	程序结束并返回程序起点

调头装夹，伸出长度为 40 mm。装夹时垫入铜片，以免夹伤已加工部分。百分表打表找正，车削端面保证总长为 78 mm

	O0002;	
N10	G99 G40 G21 G18;	程序初始化
N20	T0101;	换 1 号刀具，取 1 号刀具补偿值
N30	M03 S800 M08;	主轴正转，转速为 800 r/min，打开 1 号切削液
N40	G00 X75 Z5;	快速定位至端面切削单循环指令起点
N50	G94 X−1 Z0 F0.2;	端面切削单循环指令加工端面
N60	G90 X66 Z−32;	第 1 次内外圆切削单循环指令粗加工 $\phi 63_{-0.03}^{0}$ mm 外圆面
N70	X64 Z−32;	第 2 次内外圆切削单循环指令粗加工 $\phi 63_{-0.03}^{0}$ mm 外圆面
N80	X61 Z−30;	内外圆切削单循环指令粗加工 $\phi 60$ mm 外圆面
N90	G00 X100 Z100;	快速远离工件
	M00 M05 M09;	程序停止，主轴停转，关闭切削液
N100	M03 S1000 T0202;	换 2 号刀具，取 2 号刀具补偿值，转速为 1 000 r/min
N110	G00 X46 Z5 F0.1 M08;	快速定位至加工倒角起刀点，打开 1 号切削液
N120	G01 X60 Z−2 F0.1;	精加工倒角
N130	Z−30.5;	精加工 $\phi 60$ mm 外圆面
N140	G02 X63 W−1.5 R1.5;	精加工 R1.5 圆弧面
N150	G01 X75;	X 轴方向离开工件
N160	G00 X100 Z100;	快速远离工件
N170	M05 M09;	主轴停转，关闭切削液
N180	M30;	程序结束并返回程序起点

问题记录：_____

_____

_____

学习环节三　零件数控车削加工

学习目标

（1）能够按照企业对生产车间环境、安全、卫生、生产和事故的预防等标准，正确穿戴劳动防护用品，并严格执行生产安全操作规程。

（2）能够根据零件图，确定符合加工要求的工具、量具、夹具及辅具。

（3）能够正确装夹工件，并对其进行找正。

（4）能够正确规范地装夹数控车刀，并正确对刀，建立工件坐标系。

（5）能够正确进行程序编辑、输入、模拟、调试、优化等操作。

（6）能够独立操作数控车床完成零件加工，并控制零件质量。

（7）能够独立解决在加工中出现的程序报警及机床简单故障。

（8）能够按车间现场 6S 管理和产品工艺流程的要求，正确规范地保养机床，并填写设备日常维护保养记录表（见附表 2）。

学习过程

一、加工准备

1. 着装自检

根据生产车间着装管理规定，进行着装自检，并填写着装自检表。着装自检表如表 1.1.9 所示。

安全着装

表 1.1.9　着装自检表

序号	着装要求	自检结果
1	穿好工作服，做到三紧（下摆、领口、袖口）	
2	穿好劳保鞋	
3	戴好防护镜	
4	工作服外不得显露个人物品（挂牌、项链等）	
5	不可佩戴挂牌等物件	
6	若留长发，则需束起，并戴工作帽	

2. 机床准备

本书实施任务所用设备均为宝鸡机床集团有限公司生产的 TK50 卧式数控车床，系统为 FANUC Series 0i‑TF，详见表 1.1.10，后续不再赘述。

表 1.1.10　TK50 卧式数控车床

名称	图片	数量	备注
TK50 卧式数控车床		1 台	刀架行程：$X275$ mm，$Z1\,000$ mm；床身最大回转直径：$\phi500$ mm

机床准备卡片如表 1.1.11 所示。

表 1.1.11　机床准备卡片

检查项目	机械部分				电器部分		数控系统部分			辅助部分	
	主轴	进给	刀架	润滑	电源	散热	电气	控制	驱动	冷却	润滑
检查情况											
注：经检查后该部分完好，在相应项目下打"√"；若出现问题，则应及时报修。											

注：根据数控机床日常维护手册，使用相应的工具和方法，对机床外接电源、气源进行检查，并根据异常情况，及时通知专业维修人员检修；使用相应的工具和方法，对液压系统、润滑系统、冷却系统等的油液进行检查，并完成油液的正确加注；根据加工装夹要求，使用相应的工具和方法，对工件装夹进行检查，完成调整或重新装夹；使用相应的工具和方法，完成加工前机床防护门窗、拉板、行程开关等的检查，如有异常情况，则需及时通知专业维修人员检修；在机床开始工作前要有预热，每次开机应低速运行 3～5 min，查看各部分运转是否正常。机床运行应遵循先低速、中速，再高速的原则，其中低速、中速运行时间不得少于 3 min。当确定无异常情况后，方可开始工作。

3. 领取工具、量具及刀具

工具、量具及刀具表如表 1.1.12 所示。

表 1.1.12　工具、量具及刀具表

序号	名称	图片	数量	备注
1	刀尖角 80°外圆车刀	DCLNR/L KAPR:95°	1 把	
2	刀尖角 35°外圆车刀	DVJNR/L KAPR:93°	1 把	
3	50～75 mm 外径千分尺		1 把	

续表

序号	名称	图片	数量	备注
4	0～150 mm 游标卡尺		1 把	
5	0.01/0～10 mm 百分表及表座		1 套	
6	铜皮、铜棒		各 1 个	
7	刀架扳手、卡盘扳手		各 1 个	

4. 正确选择切削液

本任务选择 3%～5% 的乳化液作为切削液。

注：切削液是一种用于数控机床的润滑剂，具有润滑、冷却和清洁的功能，对于数控机床的自动加工具有非常重要的作用。切削液可以分为不溶性和水溶性两种类型，不溶性切削液可以直接使用，侧重于润滑（也有少部分侧重于冷却）；水溶性切削液通常用水稀释后使用，侧重于冷却。不溶性切削液是以油为主要成分的切削油，具有很好的"润滑"效果，还能有效地防止数控机床和工件生锈，主要用于需要高精度的切割作业。水溶性切削液是一种水和油混合的切削液，具有很好的冷却效果。常用的水溶性切削液有三种类型：乳液、可溶液、溶解液。

切削液的种类繁多，性能各异，在车削加工过程中应根据加工性质、工艺特点、工件和刀具材料等具体条件来合理选用。

具体选用原则如下。

（1）根据加工性质选用。

在粗加工时为了降低切削温度、延长刀具使用寿命，通常选用以冷却为主的乳化液；在精加工时为了减少切屑、工件与刀具间的摩擦，保证工件的加工精度和表面质量，应选用润滑性能较好的极压切削油或高浓度极压乳化液；在半封闭式加工时，如钻孔、铰孔和深孔加工时，刀具处于半封闭状态，排屑、散热条件较差，应选用黏度较小的极压切削油或极压乳化液，并调整切削液的压力和流量。

（2）根据工件材料选用。

一般钢件，在粗加工时选用乳化液，精加工时选用硫化油；车削铸铁、铸铝等脆性材料时，为避免细小切屑堵塞冷却系统，一般不用切削液。但在精加工时，为了提高工件表面质量，可选用润滑性好、黏度小的煤油或 7% ~ 10% 的乳化液；在车削有色金属或铜合金时，不宜采用含硫的切削液，以免腐蚀工件；在车削镁合金时，不能用切削液，以免燃烧起火，必要时，可用压缩空气冷却；在车削不锈钢、耐热钢等难加工材料时，应选用极压切削油或极压乳化液。

（3）根据刀具材料选用。

高速钢刀具：粗加工选用乳化液；在精加工时，选用极压切削油或高浓度极压乳化液。硬质合金：在一般的加工中可使用油基切削液。如果是重切削，切削温度很高，容易很快就磨损刀具，则应使用流量充足的冷却润滑液，以 3% ~ 5% 的乳化液为宜（采用喷雾冷却，效果更好）。陶瓷刀具、金刚石刀具、立方氮化硼刀具：这些刀具硬度和耐磨性较高，在切削时一般不使用切削液，有时也可使用水基切削液。

（4）使用切削液注意事项。

①在切削一开始，就应供给切削液并连续使用。

②加注切削液的流量应充分，平均流量为 10 ~ 20 L/min。

③切削液应加注在过渡表面、切屑和前刀面接触的区域，因为此处产生的热量最多。

5. 领取毛坯

领取 ϕ70 mm × 81 mm 的 45 钢毛坯 1 件，测量并记录所领毛坯的实际外形尺寸，判断毛坯是否有足够的加工余量，以及其外形是否满足加工条件。

二、 零件数控车削加工

1. 开机准备

正确开机，回参考点，建立机床坐标系，使机床对其后的操作有一个基准位置。

2. 安装毛坯和刀具

夹住毛坯外圆，伸出长度为 55 mm 左右。调头装夹 ϕ60 $_{-0.03}^{0}$ mm 外圆，在加工左端轮廓时需找正工件，且在夹紧工件时不能使工件变形。

依次将刀尖角 80° 外圆车刀、刀尖角 35° 外圆车刀装夹在 T01、T02 号刀位中，使刀具刀尖与工件旋转中心等高。

注：工件安装时注意事项如下。

（1）工件安装时伸出长度应在保证加工的前提下尽可能短。

（2）在三爪自定心卡盘的三个卡爪与工件接触时，应用手旋转工件使工件与卡爪完全贴合，然后再用卡盘扳手夹紧工件。

3. 对刀操作

零件左、右端轮廓加工都可采用试切法对刀。试切法对刀的优点是直接采用加工刀具进行对刀，操作简单方便；缺点是在手动切削过程中可能会在零件表面留下切削刀痕，影响零件表面质量，同时，操作者在测量时游标卡尺的摆放和锁紧程度均会影响对刀精度。外圆车刀对刀的具体操作步骤详见上篇项目一任务七。

4. 输入程序并检验

将程序输入数控系统，分别调出两个程序，进行程序校验。在程序校验时，通常按下图形显示🖼、"机床锁"🔒功能按键校验程序，观察刀具轨迹。也可以采用数控仿真软件进行仿真验证。

5. 零件加工

（1）加工零件右端轮廓。

①调出程序 O0001，检查工件、刀具是否按要求夹紧，刀具是否已对刀。

②按下"自动方式"🔲功能按键，进入 AUTO 自动加工方式，调小进给倍率，按下"单段"🔲功能按键，设置单段运行，按下"循环启动"功能按键进行零件加工，在每段程序运行结束后继续按下"循环启动"功能按键，即可一步一步执行程序来加工零件。在加工中观察切削情况，逐步将进给倍率调至适当大小。

注：首次进行零件加工，尽可能选择单段加工。程序单段加工即按下"循环启动"功能按键后只执行一段程序便停止，再按下"循环启动"功能按键，才再执行一段程序，如此一段一段执行程序，便于程序的检查与检验。

③当程序运行到 N120 段，粗加工完毕后停机，适时测量外圆直径，根据尺寸误差，调整刀具补正参数，保证零件尺寸精度。

注：在加工过程中，对刀误差、测量误差、机床间隙误差都会使零件加工产生尺寸误差。在这种情况下，需要调整刀具补正参数。按下 OFS SET 功能按键，选择"工具补正/摩耗"命令，进入"工具补正/摩耗"窗口，如图 1.1.4 所示，找到相应的加工刀具号（例如 T0202 表示换 2 号刀具，取 2 号刀具补偿值，2 号摩耗）。若测量的数值尺寸偏大，则需将刀具摩耗偏置存储器中的 X 值减小，设置好外圆精车刀摩耗补正参数。例如，若外轮廓精加工余量为 0.5 mm（单边），粗加工 $\phi 60_{-0.03}^{0}$ mm 外径后实测尺寸为 $\phi 61.4$ mm，则余量为 1.4 ~ 1.55 mm，取平均值为 1.475 mm，因此应将外圆精车刀摩耗补正参数（直径值）设置为 − 0.475 mm，在运行外轮廓精加工程序后，即可达到尺寸要求。

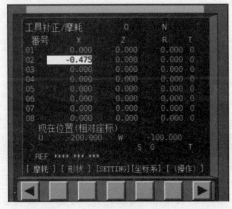

图 1.1.4　"工具补正/摩耗"窗口

④继续按下"循环启动"功能按键，运行外轮廓精加工程序，保证尺寸精度。

（2）加工零件左端轮廓。

调头装夹 $\phi 60_{-0.03}^{0}$ mm 外圆，手动加工保证总长为（78±0.1）mm，调出程序 O0002。在 AUTO 自动加工方式下，按下"循环启动"功能按键进行自动加工。左端外圆表面尺寸精度要求较低，不需要测量调试。在加工过程中为避免三爪自定心卡盘破坏已加工表面，可垫一圈铜皮作为防护。

注：加工时注意事项如下。

①以工件精加工后的右端面中心作为程序原点。

②在加工前，须认真检查刀位上的刀具是否与程序中使用的刀具一致。

③在加工前，须认真检查所执行的程序是否为应该执行的程序。

④在加工前，须认真检查光标所在位置是否正确。

⑤在加工前，须认真检查循环指令前的循环点是否正确。

⑥在加工前，须认真检查换刀点是否正确。

三、保养机床、清理场地

在加工完毕后，按照零件图要求进行自检，正确放置零件，并进行产品交接确认；按照国家环保相关规定和车间现场 6S 管理要求整理现场、清扫切屑、保养机床，并正确处置废油液等废弃物；按照车间规定填写交接班记录（见附表 1）和设备日常维护保养记录表（见附表 2）。

学习环节四　零件检测与评价

学习目标

（1）在教师的指导下，能够使用游标卡尺、外径千分尺等量具对零件进行检测。

（2）能够分析零件超差原因，并提出修改意见。

（3）能够根据实训室管理要求，合理保养、维护、放置工具及量具。

（4）能够填写零件质量检测结果报告单。

学习过程

一、明确测量要素，选取检测量具

游标卡尺、外径千分尺、百分表及表座分别如图 1.1.5、图 1.1.6、图 1.1.7 所示。

图 1.1.5　游标卡尺

图 1.1.6　外径千分尺

图 1.1.7　百分表及表座

二、 检测零件， 并填写零件质量检测结果报告单

零件加工质量的高低， 取决于加工尺寸与零件图纸的符合度， 以及零件尺寸测量的准确度。 教师对在加工零件测量时量具的选择、 校正及测量的方法进行讲解， 使学生掌握常用量具的使用方法； 在实际测量中可以采用同组学生互测、 教师抽测的方法， 检测零件的加工质量， 积累测量经验， 提高学生的质量意识。

零件质量检测结果报告单如表 1.1.13 所示。

表 1.1.13　零件质量检测结果报告单

单位名称			班级学号		姓名	成绩
零件图号			零件名称			
项目	序号	考核内容		配分	评分标准	检测结果		得分

项目	序号	考核内容		配分	评分标准	学生	教师	得分
圆柱面	1	$\phi 63_{-0.03}^{0}$	IT	15	超差 0.01 扣 2 分			
			Ra	5	降一级扣 2 分			
	2	$\phi 60_{-0.03}^{0}$	IT	15	超差 0.01 扣 2 分			
			Ra	5	降一级扣 2 分			
	3	$\phi 60$	IT	5	超差 0.01 扣 2 分			
			Ra	5	降一级扣 2 分			
	4	$\phi 45$	IT	5	超差 0.01 扣 2 分			
			Ra	5	降一级扣 2 分			
长度	5	78 ± 0.1	IT	5	超差 0.01 扣 2 分			
	6	68	IT	5	超差 0.01 扣 2 分			
	7	38	IT	5	超差 0.01 扣 2 分			
	8	32	IT	5	超差 0.01 扣 2 分			

续表

项目	序号	考核内容		配分	评分标准	检测结果		得分
						学生	教师	
圆弧面	9	*R*1.5	IT	5	超差 0.01 扣 2 分			
			Ra	5	降一级扣 2 分			
倒角	10	*C*2	IT	5	超差 0.01 扣 2 分			
			Ra	5	降一级扣 2 分			
检测结论								
产生不合格品原因								

三、 小组检查及评价

小组评价表如表 1.1.14 所示。

表 1.1.14　小组评价表

单位名称			零件名称	零件图号	小组编号
班级学号		姓名	表现	零件质量	排名

小组点评：_____

四、 质量分析

数控车床在加工定位销过程中常见问题的产生原因及其预防和消除方法如表 1.1.15 所示。

废品的产生原因
及预防措施

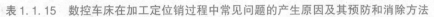

表 1.1.15　数控车床在加工定位销过程中常见问题的产生原因及其预防和消除方法

常见问题	产生原因	预防和消除方法
工件外圆超差	（1）刀具数据不准确 （2）切削用量选择不当产生让刀现象 （3）程序错误 （4）工件尺寸计算错误	（1）调整或重新设定刀具数据 （2）合理选择切削用量 （3）检查、修改程序 （4）正确计算工件尺寸
外圆表面质量差	（1）车刀角度选择不当，如选择过小的前角、后角和主偏角 （2）刀具中心过高 （3）切屑控制较差 （4）刀尖产生积屑瘤 （5）切削液选用不合理 （6）工件刚度不足	（1）选择合理的车刀角度 （2）调整刀具中心高度 （3）选择合理的进刀方式及切深 （4）选择合适的切削速度范围 （5）选择正确的切削液并充分喷注 （6）增加工件的装夹刚度
加工过程中出现扎刀现象	（1）进给量过大 （2）切屑阻塞 （3）工件安装不合理 （4）刀具角度选择不合理	（1）降低进给量 （2）采用断屑、退屑方式切入 （3）检查工件安装，增加安装刚度 （4）正确选择刀具角度
工件圆度超差或产生锥度	（1）机床主轴间隙过大 （2）程序错误 （3）工件安装不合理	（1）调整机床主轴间隙 （2）检查、修改程序 （3）检查工件安装，增加安装刚度

五、　教师填写考核结果报告单

考核结果报告单（教师填写）如表 1.1.16 所示。

表 1.1.16　考核结果报告单（教师填写）

单位名称		班级学号		姓名		成绩		
		零件图号		零件名称		定位销		
序号	项目	考核内容		配分		得分	项目成绩	
1	零件质量 （25分）	圆柱面		10				
		长度		10				
		圆弧面、锥面、倒角		5				
2	工艺方案制订 （30分）	零件图工艺信息分析		3				
		刀具、工具及量具的选择		5				
		确定零件定位基准和装夹方式		3				
		确定对刀点及对刀		2				
		制订加工方案		5				
		确定切削用量		5				
		填写数控加工工序卡		7				

序号	项目	考核内容	配分	得分	项目成绩
3	编程加工 (20分)	数控车削加工程序的编制	8		
		零件数控车削加工	12		
4	刀具、夹具 及量具 的使用 (10分)	游标卡尺的使用	3		
		外径千分尺的使用	2		
		刀具的安装	3		
		工件的安装	2		
5	安全文明 生产 (10分)	按要求着装	2		
		操作规范,无操作失误	5		
		保养机床、清理场地	3		
6	团队协作 (5分)	能与小组成员和谐相处,互相学习、互相帮助、不一意孤行	5		

六、 个人工作总结

在教师指导下分析零件加工质量,分析自己加工零件的超差形式及形成原因,填写个人工作总结报告(见表 1.1.17)。

表 1.1.17 个人工作总结报告

单位名称		零件名称		零件图号	
班级学号		姓名		成绩	

任务二　螺杆的编程与加工

螺杆多用于塑料成型设备，如塑料型材挤出机、注塑机等。螺杆和机筒是塑料成型设备的核心部件。此外，螺杆广泛应用于加工中心、数控车床、数控铣床、火花放电机、刨床等。本任务要求学生根据企业生产任务单制定零件加工工艺，编写零件加工程序，在数控车床上进行实际加工操作，并对加工后的零件进行检测、评价，最后以小组为单位对零件成果进行总结。

任务导入

一、企业生产任务单

螺杆生产任务单如表 1.2.1 所示。

表 1.2.1　螺杆生产任务单

单位名称								
产品清单	序号	零件名称	毛坯外形尺寸	数量	材料	出单日期	交货日期	技术要求
	1	螺杆	$\phi 50$ mm × 148 mm	30 个	45 钢	2023.6.14	2023.6.20	见图纸
出单人签字：　　　　　　　　　　　　　　　　接单人签字：								
日期：___年___月___日　　　　　　　　日期：___年___月___日								

二、螺杆产品与零件图

螺杆产品与零件图如图 1.2.1 所示。

学习环节一　零件工艺分析

学习目标

（1）能够阅读企业生产任务单，明确工作任务，制订合理的工作进度计划。

（2）能够根据零件图和技术资料，进行螺杆零件工艺分析。

（3）能够根据加工工艺、螺杆零件材料和形状特征等选择刀具和刀具的几何参数，并确定数控车削加工合理的切削用量。

（4）能够合理制订螺杆的加工方案，并填写数控加工工序卡。

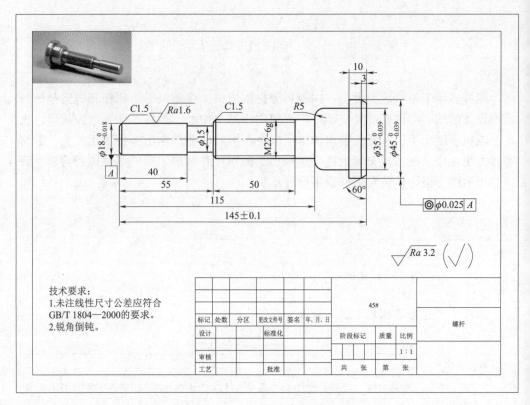

图 1.2.1　螺杆产品与零件图

学习过程

一、 零件图工艺信息分析

1. 零件轮廓几何要素分析

该螺杆的加工面由外圆面、外螺纹、退刀槽等特征构成，外圆轮廓由直线和圆弧组成。其各几何元素之间关系明确，尺寸标准完整、正确，有统一的设计基准。该零件的结构工艺性好，零件一侧加工后便于调头装夹加工；其形状规则，可选用标准刀具进行加工。

2. 精度分析

（1）尺寸精度分析：该螺杆 $\phi 18_{-0.018}^{0}$ mm 外圆面的尺寸公差等级为 IT7，$\phi 45_{-0.039}^{0}$ mm 外圆面和 $\phi 35_{-0.039}^{0}$ mm 外圆面的尺寸公差等级为 IT8，精度要求较高，同时右端 $\phi 45_{-0.039}^{0}$ mm 外圆相对左端 $\phi 18_{-0.018}^{0}$ mm 外圆（基准 A）有同轴度要求，此外中间段为公制普通三角粗牙螺纹，右旋，单线，公称直径为 22 mm，螺距为 2.5 mm，中径公差为 6 g，零件总长为（145 ±0.1）mm。对于尺寸精度的要求，主要通过在加工过程中的准确对刀、正确设置刀具补偿值及摩耗，以及正确制定合适的加工工艺等措施来保证。

（2）表面粗糙度分析：该螺杆 $\phi18\,^{0}_{-0.018}$ mm 外圆面的表面粗糙度要求为 $Ra\,1.6\,\mu m$，其余表面粗糙度要求为 $Ra\,3.2\,\mu m$，表面质量要求较高。对于表面粗糙度的要求，主要通过选用合适的刀具及其几何参数，正确的粗、精加工路线，合理的切削用量及切削液等措施来保证。螺杆工艺信息分析卡片如表 1.2.2 所示。

表 1.2.2　螺杆工艺信息分析卡片

分析内容	分析理由
形状及尺寸大小	该零件为螺纹轴，由外圆面、外螺纹、退刀槽等特征组成，是典型的轴类零件。可选择现有的设备型号为 TK50、系统为 FANUC Series 0i – TF 的卧式数控车床，刀具选 4 把即可
结构工艺性	该零件的结构工艺性好，零件一侧加工后便于调头装夹加工。形状规则，可选用标准刀具进行加工
几何要素及尺寸标注	该零件轮廓几何要素定义完整，尺寸标注符合数控加工要求，有统一的设计基准，且便于加工、测量
精度及表面粗糙度	该零件外轮廓尺寸精度要求公差等级为 IT7 ~ IT8 级，表面粗糙度要求最高为 $Ra\,3.2\,\mu m$。表面质量要求较高
材料及热处理	该零件所用材料为 45 钢，经正火、调质、淬火后具有一定的强度、韧性和耐磨性，经正火后硬度为 170 ~ 230 HB，经调质后硬度为 220 ~ 250 HB，加工性能等级代号为 4，属较易切削金属。该零件对刀具材料无特殊要求，因此，选用硬质合金刀具或涂层材料刀具均可。在加工时不宜选择过大的切削用量，在切削过程中根据加工条件可加切削液
其他技术要求	该零件要求去除毛刺飞边，加工完可用锉刀、砂纸、刮刀等去除
定位基准及生产类型	该零件生产类型为成批生产，因此，要按成批生产类型制定工艺规程。定位基准可选在外圆表面

问题记录：_____

二、 刀具、 工具及量具的选择

数控车床一般均使用机夹可转位车刀。本螺杆加工选用株洲钻石系列刀具，刀片材料采用硬质合金。数控车床加工螺杆刀具卡如表 1.2.3 所示，数控车床加工螺杆工具及量具清单如表 1.2.4 所示。

表 1.2.3　数控车床加工螺杆刀具卡

工步号	刀具号	刀具名称	刀具参数			刀片材料	偏置号	刀杆型号
			刀尖半径/mm	刀尖方位	刀片型号			
1	T01	外圆粗车刀	0.8	3	CNMG120408 – DR	硬质合金	1	DCLNR2525M09

续表

工步号	刀具号	刀具名称	刀具参数			刀片材料	偏置号	刀杆型号
			刀尖半径/mm	刀尖方位	刀片型号			
2	T02	外圆精车刀	0.4	3	VNMG160404 – DF	硬质合金	2	DVJNR2525M16
3	T03	切槽车刀	0.4	8	ZTFD0303 – MG	硬质合金	3	DEFD2525R17
4	T04	外螺纹车刀	0.1	8	Z16ER3.0IOS	硬质合金	4	ZSER2525M16
5		中心钻				硬质合金		ϕ6 mm B 型

表 1.2.4　数控车床加工螺杆工具及量具清单

分类	名称	尺寸规格	数量	备注
量具	游标卡尺	0 ~ 150 mm	1 把	
	外径千分尺	0 ~ 25 mm	1 把	
		25 ~ 50 mm	1 把	
	螺纹环规	M22 – T/Z	1 套	
	万能角度尺	0 ~ 320°	1 把	
工具	铜棒、铜皮		自定	铜皮宽度为 25 mm
	活动扳手	300 mm × 24 mm	自定	
	护目镜等安全装备		1 套	

注：（1）正确选择螺纹加工数控刀具。

①根据工序类型和刀具系统确定工序，如切削螺纹的方法、螺纹的类型。②确定加工刀具的刀片材料、尺寸和牌号。③选择刀具的刀柄尺寸和夹紧方式。④选择合适的刀垫。⑤选择最佳的进刀形式和切削用量，以保证合理的刀具寿命。

（2）常见螺纹结构示意图。

常见螺纹结构示意图如图 1.2.2 所示。

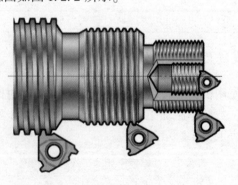

图 1.2.2　常见螺纹结构示意图

（3）一般螺纹加工工序示意图。

一般螺纹加工工序如表 1.2.5 所示。

表 1.2.5 一般螺纹加工工序

外螺纹加工		内螺纹加工	
右螺纹	左螺纹	右螺纹	左螺纹

三、 确定零件定位基准和装夹方式

一方面，螺杆径向尺寸较小，工件比较细；另一方面，切槽车刀与螺纹车刀具有两个切削刃同时参与切削的功能，会产生较大的径向力，容易使工件产生松动现象和变形，而且数控车床在加工螺纹时要求一次装夹完成，基于以上考虑，在装夹方式上，可采用三爪自定心卡盘及顶尖（一夹一顶）进行定位和装夹，以保证在螺纹切削过程中不会出现因工件松动导致螺纹乱牙，从而使工件报废的现象，如图 1.2.3 所示。

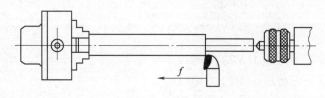

图 1.2.3 工件装夹

四、 确定对刀点及对刀

将工件右端面中心点设为工件坐标系的原点。

五、 制订加工方案

工序一简图如图 1.2.4 所示。

（1）三爪自定心卡盘夹持零件的毛坯外圆，伸出长度为 20 mm。

（2）打中心孔。

（3）三爪自定心卡盘夹持零件的毛坯外圆，伸出长度为 138 mm，使用顶尖顶紧。

（4）粗加工 $C1.5$ 倒角、$\phi 18_{-0.018}^{0}$ mm 和 $\phi 35_{-0.039}^{0}$ mm 外圆面、$R5$ 圆弧面、M22

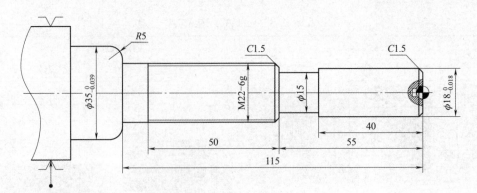

图 1.2.4　工序一简图

螺纹外圆面。

（5）精加工各段外形轮廓面至尺寸要求。

（6）用切槽车刀粗加工 φ15 mm 的槽，如图 1.2.5 所示。

切槽

（7）精加工 φ15 mm 的槽，如图 1.2.6 所示。φ15 mm 的槽部分，采用切槽车刀沿横向多次粗加工，槽侧和槽底留精加工余量，最后精加工槽侧和槽底。

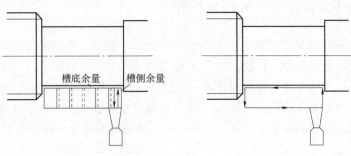

图 1.2.5　粗加工槽进刀方式　　　图 1.2.6　精加工槽进刀方式

（8）用螺纹车刀粗加工 M22 的螺纹。

（9）用螺纹车刀精加工 M22 的螺纹。

工序二简图如图 1.2.7 所示。

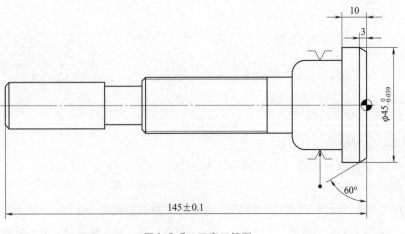

图 1.2.7　工序二简图

（10）调头装夹，伸出长度为 16 mm。

注：装夹时垫入铜片，以免夹伤已加工部分。在工件与卡爪中间加入定位环，保证工件与卡爪之间留有间隙的同时，也保证工件在 Z 方向上定位可靠。

（11）车削端面保证总长为（145 ± 0.1）mm。

（12）粗加工 $3 \times 60°$ 倒角、$\phi 45_{-0.039}^{0}$ mm 外圆面。

（13）精加工 $3 \times 60°$ 倒角、$\phi 45_{-0.039}^{0}$ mm 外圆面。

六、确定切削用量

1. 切槽加工的切削用量

受切槽过程中背吃刀量等于切刀宽度的制约，背吃刀量可以调节的范围较小。要增加切削稳定性、提高切削效率，就要选择合适的切削速度和进给量。数控车床可以选择相对较高的切削速度和进给量。切削速度可选择外圆切削的 60% ~ 80%，进给量可选择 0.05 ~ 0.3 mm/r。在切槽时常出现振动现象，这往往是由于进给量过低，或者是切削速度与进给量搭配不当造成的，必须及时调整，以求搭配合理，保证切削稳定。

2. 螺纹加工的切削用量

（1）进给量。

螺纹切削的进给量相当于加工过程中的每次切深。螺纹车削每次切深要根据工件材料、工件刚度、刀具材料和刀具强度等诸多因素综合考虑，依靠经验，通过试车来确定。每次切深过小会增加走刀次数，影响切削效率，同时加剧刀具磨损；每次切深过大又容易出现扎刀、崩尖及螺纹掉牙现象。为避免上述现象发生，螺纹加工的每次切深一般都是递减的，即随着螺纹深度增加，背吃刀量越来越大，要相应地减小进给量。这一点可以在螺纹加工程序编制中灵活运用。

（2）主轴转速。

螺纹加工时主轴转速的确定应遵循以下原则。

①在保证生产效率和正常切削的前提下，选择较低的主轴转速。

②当螺纹加工程序段中的升速进刀段和降速退刀段的长度值较大时，可选择适当高一些的主轴转速。

③当编码器所规定的允许工作转速超过机床所规定的主轴最大转速时，可选择较高的主轴转速。

④切削用量的确定取决于实际加工经验、工件的加工精度及表面质量、工件的材料性质、刀具的种类及形状、刀柄的刚性等诸多因素。可以从《切削用量手册》中查找相关切削用量，也可以依据以往的加工经验，确定切削用量的相关参数。

七、填写数控加工工序卡

螺杆数控加工工序卡如表 1.2.6 所示。

表 1.2.6 螺杆数控加工工序卡

单位名称			零件名称		设备		材料牌号	45 钢	毛坯规格	φ50 mm × 148 mm	车间		姓名	
			夹具名称				量具选用				学号		成绩	
工步号	工步内容	程序号	刀具号			名称	量程		切削用量				备注	
								主轴转速/ (r·min⁻¹)	进给量/ (mm·r⁻¹)	背吃刀量/ mm				
1	装夹毛坯												将工件用三爪自定心卡盘夹紧,伸出长度约为 20 mm	
2	钻中心孔,安装回转顶尖		中心钻					600	0.05					
3	装夹毛坯												将工件用三爪自定心卡盘夹紧,伸出长度约为 138 mm	
4	加工右端面	O0001	T01					800	0.25	1.0			机床自动加工,去除大部分外圆表面余量,满足精加工余量均匀。手动测量剩余余量	
5	粗加工左端 C1.5 倒角、φ18 0 −0.018 mm 和 φ35 0 −0.039 mm 圆弧面、R5 圆弧面、M22 螺纹外圆面		T01		外径千分尺	0～25 mm 25～50 mm		800	0.25	1.5				
6	精加工左端 C1.5 倒角、φ18 0 −0.018 mm 和 φ35 0 −0.039 mm 圆弧面、R5 圆弧面、M22 螺纹外圆面		T02		外径千分尺	0～25 mm 25～50 mm		1 000	0.15	0.3			手动测量剩余余量损,机床自动运行去除剩余余量后,再测量,达到图纸要求	
7	粗加工 φ15 mm 槽		T03		外径千分尺	0～25 mm		800	0.10	3.0			机床自动加工,去除大部分槽余量,满足精加工余量均匀。手动测量剩余余量	
8	精加工 φ15 mm 槽		T03		外径千分尺	0～25 mm		1 000	0.15	0.3			手动测量剩余余量损,机床自动运行去除剩余余量后,再测量,达到图纸要求	

工序一

续表

工步号	工步内容	程序号	刀具号	量具选用 名称	量具选用 量程	切削用量 主轴转速/ $(r \cdot min^{-1})$	切削用量 进给量/ $(mm \cdot r^{-1})$	切削用量 背吃刀量/ mm	备注
9	加工 M22 – 6g螺纹外圆		T04	螺纹环规	M22 – T/Z	700	2.50	0.1	机床自动加工，去除大部分螺纹余量，满足精加工余量均匀。手动测量剩余余量
				工序二					
10	调头装夹工件，夹紧 $\phi35_{-0.039}^{0}$ mm外圆								伸出长度为16 mm。装夹时垫入铜片，以免夹伤已加工部分
11	加工右端面		T01	游标卡尺	0～150 mm	800	0.25	1.0	保证总长为（145±0.1）mm
12	粗加工左端 3 × 60° 倒角、$\phi45_{-0.039}^{0}$ mm外圆面	00002	T01	游标卡尺	0～150 mm	800	0.25	1.5	机床自动加工，去除大部分外表面余量，满足精加工余量均匀，手动测量剩余余量
13	精加工左端 3 × 60° 倒角、$\phi45_{-0.039}^{0}$ mm外圆面		T02	外径千分尺	25～50 mm	1 000	0.15	0.3	手动测量剩余余量，修改磨损，机床自动运行去除余量，再次测量，达到图纸要求
14	锐边倒钝，去毛刺								锉刀、砂纸、刮刀等皆可去除
编制		审核		批准			卸下工件，保养机床		共 页 第 页

问题记录：

学习环节二　数控车削加工程序的编制

学习目标

（1）能够根据零件图基点坐标，写出点绝对坐标、相对坐标的数值。

（2）能够根据直线、圆弧、简单循环和复合循环指令，写出 G00、G01、G03、G92、G94、G71、G70 指令的格式及各参数的含义。

（3）能够正确选用数控车削加工指令，完成螺杆数控车削加工程序的编制。

学习过程

1. 数学处理

（1）M22 螺纹（见图 1.2.8）圆柱直径。

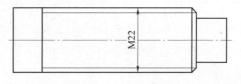

图 1.2.8　M22 螺纹

$$d_{圆} = d - 0.1P = (22 - 0.1 \times 2.5)\,\text{mm} = 21.75\ \text{mm}$$

因为受刀具挤压影响，外径尺寸会胀大，因此，在加工外螺纹前，外圆柱面直径应比螺纹大径小 0.2 ~ 0.4 mm，作为车外螺纹前圆柱加工、编程依据。

（2）M22 - 6g 螺纹吃刀量计算（见表 1.2.7）。

表 1.2.7　M22 - 6g 螺纹吃刀量计算

计算牙深 $h = （螺距 \times 1.107）/2 = (2.5\ \text{mm} \times 1.107)/2 = 1.38\ \text{mm}$，螺纹小径 $d_1 = 22 - 2h = 19.24\ \text{mm}$	
第 1 刀，半径切 0.5 mm，X21	第 10 刀，半径切 0.05 mm，X19.8
第 2 刀，半径切 0.15 mm，X20.7	第 11 刀，半径切 0.05 mm，X19.7
第 3 刀，半径切 0.1 mm，X20.5	第 12 刀，半径切 0.05 mm，X19.6
第 4 刀，半径切 0.05 mm，X20.4	第 13 刀，半径切 0.05 mm，X19.5
第 5 刀，半径切 0.05 mm，X20.3	第 14 刀，半径切 0.05 mm，X19.4
第 6 刀，半径切 0.05 mm，X20.2	第 15 刀，半径切 0.05 mm，X19.3
第 7 刀，半径切 0.05 mm，X20.1	第 16 刀，半径切 0.03 mm，X19.24
第 8 刀，半径切 0.05 mm，X20.0	第 17 刀，半径切 0 mm，X19.24，用于光整
第 9 刀，半径切 0.05 mm，X19.9	加工
注：牙深为半径值，X 坐标值为直径值。	

2. 数控车削加工程序的编制

螺杆数控车削加工程序参考如表 1.2.8 所示。

表 1.2.8　螺杆数控车削加工程序参考

程序段号	加工程序	程序说明
	O0001；	加工右端
	G99 G40 G21 G18；	程序初始化
	T0101；	换 1 号刀具，取 1 号刀具补偿值
	M03 S800 M08；	主轴正转，转速为 800 r/min，打开 1 号切削液
	G00 Z0；	快速定位至 Z0 位置
	X53；	快速定位至 X53 位置，准备车削端面
	G01 X10 F0.25；	车削端面
	G00 Z1；	快速退刀至 Z1 位置
	X50；	快速定位至毛坯外圆面位置
	G71 U1.5 R0.5；	外径粗加工复合循环指令，背吃刀量为 1.5 mm，退刀距离为 0.5 mm
	G71 P10 Q20 U0.6 W0.1 F0.25；	粗加工路径从 N10 段起始，至 N20 段结束；精加工余量 X 轴方向为 0.6 mm，Z 轴方向为 0.1 mm；进给量为 0.25 mm/r
N10	G00 X15 G42；	快速定位至倒角 X 轴方向定位点
	G01 Z0 F0.15；	靠近端面
	X18 Z−1.5；	加工 $C1.5$ 倒角
	Z−55；	粗加工 $\phi 18_{-0.018}^{0}$ mm 外圆面
	X19；	提刀至加工倒角起刀点
	X21.75 W−1.5；	加工 $C1.5$ 倒角
	Z−115；	粗加工螺纹大径
	X25；	提刀至加工圆弧面起刀点
	G03 X35 Z−120 R5；	加工 $R5$ 圆弧面
	G01 Z−135；	粗加工 $\phi 35_{-0.039}^{0}$ mm 外圆面
N20	G01 X50 G40；	提刀至程序开始前定位点
	G00 X220；	快速退刀至 X220 位置
	Z10；	快速退刀至 Z10 位置
	M05；	主轴停转
	M09；	关闭切削液
	M00；	程序停止
	T0202；	换 2 号刀具，取 2 号刀具补偿值

续表

程序段号	加工程序	程序说明
	M03 S1000 M08;	主轴正转，转速为 1 000 r/min，打开 1 号切削液
	G00 Z1;	快速定位至 Z0 位置
	X50;	快速定位至 X50 位置，准备车削端面
	G70 P10 Q20;	精加工复合循环指令加工外圆轮廓
	G00 X220;	快速退刀至 X220 位置
	Z10;	快速退刀至 Z10 位置
	M05;	主轴停转
	M09;	关闭切削液
	M00;	程序停止
	T0303;	换 3 号刀具，取 3 号刀具补偿值
	M03 S800 M08;	主轴正转，转速为 800 r/min，打开 1 号切削液
	G00 Z−43.1;	快速定位至切槽加工 Z 轴方向起刀点，切槽加工侧壁留 0.1 mm 余量
	X24;	快速定位至切槽加工 X 轴方向起刀点
	G94 X15.3 Z−43.1 F0.1;	端面切削单循环指令（切槽加工第 1 刀）
	Z−45.6;	切槽加工第 2 刀
	Z−48.1;	切槽加工第 3 刀
	Z−50.6;	切槽加工第 4 刀
	Z−53.1;	切槽加工第 5 刀
	Z−54.9;	切槽加工第 6 刀
	G00 X200;	快速退刀至 X200 位置
	Z10;	快速退刀至 Z10 位置
	M05;	主轴停转
	M09;	关闭切削液
	M00;	程序停止
	M03 S1000 M08;	主轴正转，转速为 1 000 r/min，打开 1 号切削液
	G00 Z−43;	快速定位至切槽 Z 轴方向起刀点
	X24;	快速定位至切槽 Z 轴方向起刀点
	G01 X15 F0.15;	精加工槽壁
	Z−55;	精加工槽底
	X24;	精加工槽壁
	G00 X200;	快速退刀至 X200 位置
	Z10;	快速退刀至 Z10 位置
	M05;	主轴停转

续表

程序段号	加工程序	程序说明
	M09;	关闭切削液
	M00;	程序停止
	T0404;	换 4 号刀具,取 4 号刀具补偿值
	M03 S700 M08;	主轴正转,转速为 700 r/min,打开 1 号切削液
	G00 Z−50;	快速定位至加工螺纹 Z 轴方向起刀点
	X23;	快速定位至加工螺纹 X 轴方向起刀点
	G92 X21 Z−105 F2.5;	螺纹切削单循环指令(螺纹加工第 1 刀)
	X20.7;	螺纹加工第 2 刀
	X20.5;	螺纹加工第 3 刀
	X20.4;	螺纹加工第 4 刀
	X20.3;	螺纹加工第 5 刀
	X20.2;	螺纹加工第 6 刀
	X20.1;	螺纹加工第 7 刀
	X20.0;	螺纹加工第 8 刀
	X19.9;	螺纹加工第 9 刀
	X19.8;	螺纹加工第 10 刀
	X19.7;	螺纹加工第 11 刀
	X19.6;	螺纹加工第 12 刀
	X19.5;	螺纹加工第 13 刀
	X19.4;	螺纹加工第 14 刀
	X19.3;	螺纹加工第 15 刀
	X19.24;	螺纹加工第 16 刀
	X19.24;	清理螺纹底部毛刺
	G00 X220;	快速退刀至 X220 位置
	Z10;	快速退刀至 Z10 位置
	M05;	主轴停转
	M09;	关闭切削液
	M30;	程序结束并返回程序起点
调头装夹,伸出长度为 10 mm。装夹时垫入铜片,以免夹伤已加工部分,同时,在工件与卡爪中间加入定位环。车削端面保证总长为 145 mm		
	O0002;	
	G99 G40 G21 G18;	程序初始化
	T0101;	换 1 号刀具,取 1 号刀具补偿值
	M03 S800 M08;	主轴正转,转速为 800 r/min,打开切削液

续表

程序段号	加工程序	程序说明
	G00 Z0;	快速定位至加工平端面 Z 轴方向起刀点
	X53;	快速定位至加工平端面 X 轴方向起刀点
	G01 X − 1 F0. 25;	加工端面
	G00 Z1;	快速退刀至 Z1 位置
	X47;	快速定位至 X47 位置
	G01Z − 10. 3 F0. 25;	粗加工 $\phi45_{-0.039}^{0}$ mm 外圆面第 1 刀
	G00 G42 X48;	快速退刀至 X48 位置
	Z0;	快速定位至 Z0
	X41. 535;	快速定位至倒角起刀点
	G01 X45. 6 Z − 3. 519 F0. 25;	粗加工 3 × 60° 倒角
	Z − 10. 3;	粗加工 $\phi45_{-0.039}^{0}$ mm 外圆面第 2 刀
	G00 G40 X200;	快速退刀至 X200 位置
	Z10;	快速退刀至 Z10 位置
	M05;	主轴停转
	M09;	关闭切削液
	M00;	程序停止
	T0202;	换 2 号刀具,取 2 号刀具补偿值
	M03 S1000 M08;	主轴正转,转速为 1 000 r/min,打开切削液
	G00 Z0;	快速定位 Z0 位置
	X41. 535;	快速定位至加工倒角起刀点
	G01 X45 Z − 3 F0. 15;	精加工 3 × 60° 倒角
	G01 Z − 10. 3;	精加工 $\phi45_{-0.039}^{0}$ mm 外圆面
	G00 X220;	快速退刀至 X220 位置
	Z10;	快速退刀至 Z10 位置
	M05;	主轴停转
	M09;	关闭切削液
	M30;	程序结束并返回程序起点

问题记录:_____

_____

_____

学习环节三　零件数控车削加工

学习目标

（1）能够按照企业对生产车间环境、安全、卫生、生产和事故的预防等标准，正确穿戴劳动防护用品，并严格执行生产安全操作规程。

（2）能够根据零件图，确定符合加工要求的工具、量具、夹具及辅具。

（3）能够正确装夹工件，并对其进行找正。

（4）能够正确规范地装夹数控车刀，并正确对刀，建立工件坐标系。

（5）能够正确进行程序编辑、输入、模拟、调试、优化等操作。

（6）能够规范使用量具，并在加工过程中适时检测，保证工件加工精度。

（7）能够独立解决在加工中出现的程序报警及机床简单故障。

（8）能够按车间现场 6S 管理和产品工艺流程的要求，正确规范地保养机床，并填写设备日常维护保养记录表（见附表2）。

学习过程

一、加工准备

1. 着装自检

根据生产车间着装管理规定，进行着装自检，并填写着装自检表。着装自检表如表 1.2.9 所示。

表 1.2.9　着装自检表

序号	着装要求	自检结果
1	穿好工作服，做到三紧（下摆、领口、袖口）	
2	穿好劳保鞋	
3	戴好防护镜	
4	工作服外不得显露个人物品（挂牌、项链等）	
5	不可佩戴挂牌等物件	
6	若留长发，则需束起，并戴工作帽	

2. 机床准备

机床准备卡片如表 1.2.10 所示。

表 1.2.10　机床准备卡片

检查项目	机械部分				电器部分		数控系统部分			辅助部分	
	主轴	进给	刀架	润滑	电源	散热	电气	控制	驱动	冷却	润滑
检查情况											

注：经检查后该部分完好，在相应项目下打"√"；若出现问题，则应及时报修。

3. 领取工具、量具及刀具

工具、量具及刀具表如表 1.2.11 所示。

表 1.2.11　工具、量具及刀具表

序号	名称	图片	数量	备注
1	刀尖角 80°外圆车刀		1 把	
2	刀尖角 35°外圆车刀		1 把	
3	3 mm 切槽车刀		1 把	
4	外螺纹车刀		1 把	
5	0~25 mm、25~50 mm 外径千分尺		各 1 把	
6	0~150 mm 游标卡尺		1 把	
7	M22 – T/Z 螺纹环规		1 套	

续表

序号	名称	图片	数量	备注
8	万能角度尺		1 把	
9	铜皮、铜棒		各 1 个	
10	刀架扳手、卡盘扳手		各 1 个	

4. 正确选择切削液

在切槽加工过程中，为了解决切槽车刀刀头面积小、散热条件差、易产生高温而降低刀片切削性能的问题，本任务选择冷却性能较好的 3% ~5% 的乳化液作为切削液进行喷注，使刀具充分冷却。

5. 领取毛坯

领取毛坯，测量并记录所领毛坯的实际外形尺寸，判断毛坯是否有足够的加工余量，以及其外形是否满足加工条件。

二、 零件数控车削加工

1. 开机准备

正确开机，回参考点，建立机床坐标系，使机床对其后的操作有一个基准位置。

2. 安装毛坯和刀具

夹住毛坯外圆，伸出长度为 138 mm 左右。调头装夹 $\phi35_{-0.039}^{\quad 0}$ mm 外圆，在加工左端轮廓时需垫入定位环，且在夹紧工件时不能使工件变形。

依次将刀尖角 80°外圆车刀、刀尖角 35°外圆车刀、3 mm 切槽车刀、外螺纹车刀装夹在 T01、T02、T03、T04 号刀位中，使刀具刀尖与工件回转中心等高。将中心钻装入尾座套筒钻中心孔。

注：在采用一夹一顶方式装夹工件时，工件的中心孔应与尾座上的顶尖保持同轴。

3. 对刀操作

零件左、右端轮廓加工都可采用试切法对刀。外圆车刀、外螺纹车刀、切槽车刀对刀的具体操作步骤详见上篇项目一任务七。

4. 输入程序并检验

将程序输入数控系统，分别调出两个程序，进行程序校验。在程序校验时，通

常按下图形显示 、"机床锁"  功能按键校验程序，观察刀具轨迹，也可以采用数控仿真软件进行仿真验证。

5. 零件加工

（1）加工零件右端轮廓。

①调出程序 O0001，检查工件、刀具是否按要求夹紧，刀具是否已对刀。

②按下"自动方式" 功能按键，进入 AUTO 自动加工方式，调小进给倍率，按下"单段" 功能按键，设置单段运行，按下"循环启动"功能按键进行零件加工，在每段程序运行结束后继续按下"循环启动"功能按键，即可一步一步执行程序加工零件。在加工中观察切削情况，逐步将进给倍率调至适当大小。

③当程序运行到 N20 段，粗加工完毕后停机，适时测量外圆直径，根据尺寸误差，调整刀具补正参数，保证零件尺寸精度。

注：根据对刀点位置，合理设置刀尖假想位置，正确使用刀尖圆弧半径补偿功能，如图 1.2.9 所示。同时，在加工过程中，对刀误差、测量误差、机床间隙误差等都会使零件加工产生尺寸误差。在这种情况下，在加工首件时，需要输入精加工刀具补偿值摩耗，测试机床工艺系统的误差，然后将测量值与理论值进行对比，调整刀具摩耗补正参数，保证加工精度。例如，在精加工前磨损补正值输入 0.3 mm，在精加工 $\phi 18_{-0.018}^{0}$ mm 外径后实测尺寸为 $\phi 18.4$ mm，测量值比理论值 ϕ（$18_{-0.018}^{0}$ + 0.3）mm 大 0.1～0.118 mm，取平均值 0.109 mm，则应将外圆精车刀摩耗补正参数设置为 -0.109 mm，如图 1.2.10 所示。

图 1.2.9　"工具补正"窗口　　　　图 1.2.10　"工具补正/摩耗"窗口

④继续按下"循环启动"功能按键，运行外轮廓精加工程序，保证尺寸精度。

（2）加工零件左端轮廓。

调头装夹 $\phi 35_{-0.039}^{0}$ mm 外圆，手动加工保证总长为（145 ±0.1）mm，调出程序 O0002。在 AUTO 自动加工方式下，按下"循环启动"功能按键进行自动加工。左端外圆表面尺寸精度要求与前 $\phi 35_{-0.039}^{0}$ mm 相同，不需要测量调试。在加工过程中为避免三爪自定心卡盘破坏已加工表面，可垫一圈铜皮作为防护。

三、 保养机床、 清理场地

在加工完毕后，按照零件图要求进行自检，正确放置零件，并进行产品交接确认；按照国家环保相关规定和车间现场 6S 管理要求整理现场、清扫切屑、保养机床，并正确处置废油液等废弃物；按照车间规定填写交接班记录（见附表 1）和设备日常维护保养记录表（见附表 2）。

学习环节四　零件检测与评价

学习目标

（1）在教师的指导下，能够使用游标卡尺、外径千分尺等量具对零件进行检测。

（2）能够分析零件超差原因，并提出修改意见。

（3）能够根据实训室管理要求，合理保养、维护、放置工具及量具。

（4）能够填写零件质量检测结果报告单。

学习过程

一、 明确测量要素， 选取检测量具

游标卡尺、外径千分尺、螺纹环规（见图 1.2.11）、万能角度尺（见图 1.2.12）。

图 1.2.11　螺纹环规　　　　　　图 1.2.12　万能角度尺

注：对于螺纹的检测，检测的项目有螺纹大径、螺纹中径、螺距、综合测量等。螺纹大径检测一般用游标卡尺；螺距检测一般用钢板尺或螺距量规；螺纹中径检测一般用螺纹千分尺、三针测量法、一针测量法等；综合测量一般用螺纹量规来检测，在本任务使用螺纹量规来检测。

螺纹量规有螺纹环规和螺纹塞规两种，如图 1.2.13 所示。螺纹环规用于检测外螺纹；螺纹塞规用于检测内螺纹。

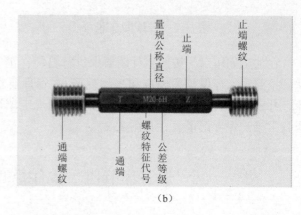

图 1.2.13　螺纹量规
（a）螺纹环规；（b）螺纹塞规

螺纹环规是一种综合性的检验量具，测量方便、准确。它由通规和止规组成，共同使用。只有当通规顺利旋入而止规不能旋入才表示螺纹零件合格。在使用时，不能开动车床测量，试拧时不得用力过大，更不能用扳手等工具硬拧，以免损坏螺纹环规。在测量时应注意零件的热胀冷缩，避免产生测量误差。

螺纹环规

图 1.2.14 所示为通规顺利旋入而止规不能旋入的螺纹检测合格效果图。

图 1.2.14　螺纹检测合格效果图
（a）通规旋入效果图；（b）止规无法旋入效果图

二、检测零件，并填写零件质量检测结果报告单

零件质量检测结果报告单如表 1.2.12 所示。

表 1.2.12　零件质量检测结果报告单

单位名称			班级学号			姓名	成绩
零件图号			零件名称				

项目	序号	考核内容		配分	评分标准	检测结果		得分
						学生	教师	
圆柱面	1	$\phi18^{\ 0}_{-0.018}$	IT	6	超差 0.01 扣 2 分			
			Ra	4	降一级扣 2 分			
	2	$\phi35^{\ 0}_{-0.039}$	IT	6	超差 0.01 扣 2 分			
			Ra	4	降一级扣 2 分			
	3	$\phi45^{\ 0}_{-0.039}$	IT	6	超差 0.01 扣 2 分			
			Ra	4	降一级扣 2 分			
	4	$\phi15$	IT	6	超差 0.01 扣 2 分			
			Ra	4	降一级扣 2 分			
长度	5	145 ± 0.1	IT	5	超差 0.01 扣 2 分			
	6	40	IT	5	超差 0.01 扣 2 分			
	7	55	IT	5	超差 0.01 扣 2 分			
	8	50	IT	5	超差 0.01 扣 2 分			
	9	115	IT	5	超差 0.01 扣 2 分			
	10	10	IT	5	超差 0.01 扣 2 分			
圆弧面	11	$R5$	IT	5	超差 0.01 扣 2 分			
			Ra	5	降一级扣 2 分			
倒角	12	$3 \times 60°$	IT	5	超差 0.01 扣 2 分			
			Ra	5	降一级扣 2 分			
	13	$C1.5$	IT	2	超差 0.01 扣 2 分			
			Ra	2	降一级扣 2 分			
螺纹	14	$M22 - 6g$	IT	6	超差 0.01 扣 2 分			
检测结论								
产生不合格品原因								

三、 小组检查及评价

小组评价表如表 1.2.13 所示。

表 1.2.13　小组评价表

单位名称		零件名称	零件图号	小组编号
班级学号	姓名	表现	零件质量	排名

小组点评： _____

四、 质量分析

数控车床在加工螺杆过程中常见问题的产生原因及其预防和消除方法如表 1.2.14 所示。

表 1.2.14　数控车床在加工螺杆过程中常见问题的产生原因及其预防和消除方法

常见问题	产生原因	预防和消除方法
在切削过程中出现振动	(1) 工件装夹不正确。 (2) 刀具安装不正确。 (3) 切削参数不正确	(1) 检查工件装夹，增加装夹刚度。 (2) 调整刀具安装位置。 (3) 提高或降低切削速度
螺纹牙顶呈刀口状	(1) 刀具角度选择错误。 (2) 螺纹外径尺寸过大。 (3) 螺纹切削过深	(1) 选择合理的刀具角度。 (2) 检查并选择合适的工件外径尺寸。 (3) 减小螺纹切削深度
螺纹牙型过半	(1) 刀具中心错误。 (2) 螺纹切削深度不够。 (3) 刀具牙型角度过小。 (4) 螺纹外径尺寸过小	(1) 选择正确的刀具并调整刀具中心的高度。 (2) 计算并增加切削深度。 (3) 更换合适的刀具。 (4) 检查并选择合适的工件外径尺寸
螺纹牙型底部圆弧过大	(1) 刀具选择错误。 (2) 刀具磨损严重	(1) 选择正确的刀具。 (2) 重新刃磨或更换刀片

五、 教师填写考核结果报告单

考核结果报告单（教师填写）如表 1.2.15 所示。

表 1.2.15 考核结果报告单（教师填写）

单位名称		班级学号			姓名		成绩	
		零件图号			零件名称		螺杆	
序号	项目	考核内容			配分	得分	项目成绩	
1	零件质量 （25分）	圆柱面			10			
		长度			2.5			
		切槽			5			
		螺纹			5			
		圆弧面、倒角			2.5			
2	工艺方案 制订 （30分）	零件图工艺信息分析			6			
		刀具、工具及量具的选择			6			
		确定零件定位基准和装夹方式			3			
		确定对刀点及对刀			3			
		制订加工方案			3			
		确定切削用量			4.5			
		填写数控加工工序卡			4.5			
3	编程加工 （20分）	数控车削加工程序的编制			8			
		零件数控车削加工			12			
4	刀具、夹具 及量具的 使用 （10分）	游标卡尺的使用			3			
		外径千分尺的使用			2			
		刀具的安装			3			
		工件的安装			2			
5	安全文明 生产 （10分）	按要求着装			2			
		操作规范，无操作失误			5			
		保养机床、清理场地			3			
6	团队协作 （5分）	能与小组成员和谐相处，互相学习、互相帮助、不一意孤行			5			

六、 个人工作总结

在教师指导下分析零件加工质量，分析自己加工零件的超差形式及形成原因，填写个人工作总结报告（见表 1.2.16）。

表 1.2.16　个人工作总结报告

单位名称			零件名称		零件图号	
班级学号			姓名		成绩	

任务三　　芯轴的编程与加工

作为机械设备中不可缺少的零件，芯轴的作用和功能不可小觑。它能够有效实现定位、支撑、传动等多种功能，从而帮助机械设备实现最高效的工作。例如，芯轴可作为万能切割机刀盘的转轴支撑，保证其整体的旋转和切割精度；芯轴可作为机械手臂的旋转轴，支撑机械手运动的稳定性。本任务要求学生能够根据企业生产任务单制定零件加工工艺，编写零件加工程序，在数控车床上进行实际加工操作，并对加工后的零件进行检测、评价，最后以小组为单位对零件成果进行总结。

任务导入

一、企业生产任务单

芯轴生产任务单如表 1.3.1 所示。

表 1.3.1　芯轴生产任务单

单位名称								
产品清单	序号	零件名称	毛坯外形尺寸	数量	材料	出单日期	交货日期	技术要求
	1	芯轴	$\phi 45$ mm $\times 103$ mm	30 个	45 钢	2023.8.14	2023.8.20	见图纸
出单人签字： 　　　　　　日期：___年___月___日				接单人签字： 　　　　　　日期：___年___月___日				

二、 芯轴产品与零件图

芯轴产品与零件图如图 1.3.1 所示。

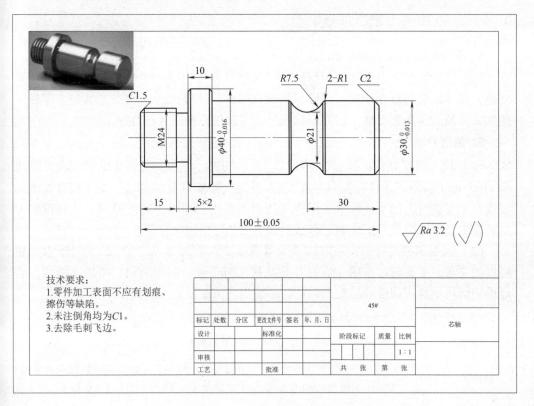

图 1.3.1 芯轴产品与零件图

技术要求:
1.零件加工表面不应有划痕、擦伤等缺陷。
2.未注倒角均为C1。
3.去除毛刺飞边。

学习环节一 零件工艺分析

学习目标

（1）能够阅读企业生产任务单，明确工作任务，制订合理的工作进度计划。

（2）能够根据零件图和技术资料，进行芯轴零件工艺分析。

（3）能够根据加工工艺、芯轴零件材料和形状特征等选择刀具和刀具的几何参数，并确定数控车削加工合理的切削用量。

（4）能够合理制订芯轴的加工方案，并填写数控加工工序卡。

一、 零件图工艺信息分析

1. 零件轮廓几何要素分析

该芯轴的加工面由外圆面、螺纹、圆弧槽等特征构成。其各几何元素之间关系明确，尺寸标准完整、正确，有统一的设计基准。该零件的结构工艺性好，零件一侧加工后便于调头装夹加工；其形状规则，可选用标准刀具进行加工。

2. 精度分析

（1）尺寸精度分析：该芯轴 $\phi40_{-0.016}^{0}$ mm、$\phi30_{-0.013}^{0}$ mm 外圆面的尺寸公差等级为 IT6，加工精度要求较高，同时有 R7.5 外圆圆弧槽和 M24 螺纹。对于尺寸精度的要求，主要通过在加工过程中采用适当的走刀路线、选用合适的刀具、正确设置刀具补偿值及磨耗，以及正确制定合适的加工工艺等措施来保证。

（2）表面粗糙度分析：该芯轴表面粗糙度要求全部为 Ra 3.2 μm。对于表面粗糙度的要求，主要通过选用合适的刀具及其几何参数，正确的粗、精加工路线，合理的切削用量及切削液等措施来保证。芯轴工艺信息分析卡片如表 1.3.2 所示。

表 1.3.2　芯轴工艺信息分析卡片

分析内容	分析理由
形状及尺寸大小	该零件由外圆面、螺纹、圆弧槽等特征组成。可选择现有的设备型号为 TK50、系统为 FANUC Series 0i – TF 的卧式数控车床，刀具选 4 把即可
结构工艺性	该零件的结构工艺性好，零件一侧加工后便于调头装夹加工。形状规则，可选用标准刀具进行加工
几何要素及尺寸标注	该零件轮廓几何要素定义完整，尺寸标注符合数控加工要求，有统一的设计基准，且便于加工、测量
精度及表面粗糙度	该零件外轮廓尺寸精度要求，公差等级为 IT6 级，表面粗糙度要求最高为 Ra 3.2 μm。表面质量要求较高
材料及热处理	该零件所用材料为 45 钢，经正火、调质、淬火后具有一定的强度、韧性和耐磨性，经正火后硬度为 170 ~ 230 HB，调质后硬度为 220 ~ 250 HB，加工性能等级代号为 4，属易切削金属。该零件对刀具材料无特殊要求，因此，选用硬质合金刀具或涂层材料刀具均可。在加工时不宜选择过大的切削用量，在切削过程中根据加工条件可加切削液
其他技术要求	该零件要求去除毛刺飞边，加工完可用锉、砂纸、刮刀等去除
定位基准及生产类型	该零件生产类型为成批生产，因此，要按成批生产类型制定工艺规程。定位基准可选在外圆表面

问题记录：＿＿＿＿＿＿＿＿＿＿＿＿＿＿＿＿＿＿＿＿＿＿＿＿＿＿＿

＿＿＿＿＿＿＿＿＿＿＿＿＿＿＿＿＿＿＿＿＿＿＿＿＿＿＿＿＿＿＿＿＿＿

＿＿＿＿＿＿＿＿＿＿＿＿＿＿＿＿＿＿＿＿＿＿＿＿＿＿＿＿＿＿＿＿＿＿

二、 刀具、 工具及量具的选择

数控车床一般均使用机夹可转位车刀。本芯轴加工选用株洲钻石系列刀具，刀片材料采用硬质合金。数控车床加工芯轴刀具卡如表 1.3.3 所示，数控车床加工芯轴工具及量具清单如表 1.3.4 所示。

表 1.3.3　数控车床加工芯轴刀具卡

| 工步号 | 刀具号 | 刀具名称 | 刀具参数 | | | 刀片材料 | 偏置号 | 刀杆型号 |
			刀尖半径/mm	刀尖方位	刀片型号			
1	T01	外圆粗车刀	0.8	3	CNMG120408 – DR	硬质合金	1	DCLNR/L2525M09
2	T02	外圆精车刀	0.4	3	VNMG160404 – DF	硬质合金	2	DVJNR/L2525M16
3	T03	切槽车刀	0.4	8	ZQMX5N11 – IE	硬质合金	3	QZQ2525R05
4	T04	外螺纹车刀	0.1	8	Z16ER3.0IOS	硬质合金	4	SWR2525M16B

表 1.3.4　数控车床加工芯轴工具及量具清单

分类	名称	尺寸规格	数量	备注
量具	游标卡尺	0～150 mm	1 把	
	外径千分尺	25～50 mm	1 把	
	叶片千分尺	0～25 mm	1 把	
	螺纹环规	M24 – T/Z	1 套	
	R 规	R1—6.5 mm，R7—14.5 mm	1 套	
工具	铜棒、铜皮		自定	铜皮宽度为 25 mm
	活动扳手	300 mm×24 mm	自定	
	护目镜等安全装备		1 套	

注：在数控车床上加工复杂轮廓有其很好的复合循环指令，即 G70～G73 指令。本零件由于外圆轮廓尺寸精度及表面粗糙度等技术要求，在加工中对刀具的强度、刚性等机械性能要求较高。圆弧刀头在加工曲面（凹圆弧面）时具有较好的优势，但其加工外圆轮廓的能力较差。由于本零件需要加工的外圆面不仅含有凹弧部分，还有端面、阶台等轮廓，因此，优先选择 35°外圆车刀。选择 35°外圆车刀加工凹圆弧面一定要注意刀具副切削刃与工件是否发生干涉现象，刀具需要有足够大的副偏角，以免因刀具选择不合理而影响产品质量和生产效率，如图 1.3.2 所示。

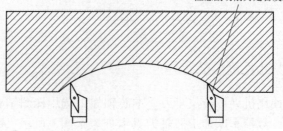

注意副切削刃是否发生干涉

图 1.3.2　加工凹圆弧面刀具选择

三、 确定零件定位基准和装夹方式

由于工件是一根实心轴，轴的长度不是太长，因此，采用三爪自定心卡盘装夹。

四、 确定对刀点及对刀

将工件右端面中心点设为工件坐标系的原点。

五、 制订加工方案

工序一简图如图 1.3.3 所示。

（1）三爪自定心卡盘夹持零件的毛坯外圆，伸出长度为 80 mm 左右。

（2）粗加工 $\phi30_{-0.013}^{0}$ mm 外圆面、$C2$ 倒角。

（3）精加工 $\phi30_{-0.013}^{0}$ mm 外圆面、$C2$ 倒角。

（4）粗加工 $R1$ 圆角、$R7.5$ 圆弧槽。

（5）精加工 $R1$ 圆角、$R7.5$ 圆弧槽。

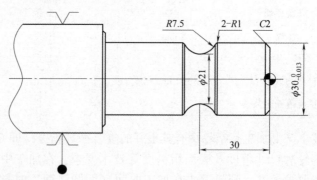

图 1.3.3　工序一简图

工序二简图如图 1.3.4 所示。

（6）调头装夹 $\phi30_{-0.013}^{0}$ mm 外圆，伸出长度为 30 mm。

注：装夹时垫入铜片，以免夹伤已加工部分。

（7）车削端面保证总长为（100±0.05）mm。

（8）粗加工 M24 螺纹外圆面、$\phi40_{-0.016}^{0}$ mm 外圆面、$C1$ 倒角。

（9）精加工 M24 螺纹外圆面、$\phi40_{-0.016}^{0}$ mm 外圆面、C1 倒角。

（10）车削 5×2 螺纹退刀槽。

（11）车削 M24 螺纹。

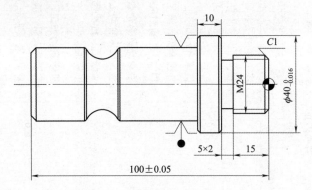

图 1.3.4　工序二简图

六、 填写数控加工工序卡

芯轴数控加工工序卡如表 1.3.5 所示。

表 1.3.5 芯轴数控加工工序卡

单位名称	零件名称			设备	45 钢		毛坯规格	φ45 mm × 103 mm		车间		姓名	
	夹具名称			材料牌号						学号		成绩	
	程序号	刀具号	量具选用			切削用量				备注			
			名称	量程	主轴转速/ (r·min⁻¹)	进给量/ (mm·r⁻¹)	背吃刀量/ mm						
工步号	工步内容					工序一							
1	装夹毛坯									将工件用三爪自定心卡盘夹紧，伸出长度约为 80 mm			
2	加工右端面	T01			1 000	0.25	1.0						
3	粗加工右端 C2 倒角、φ30$_{-0.013}^{0}$ mm 外圆面	T01	外径千分尺	25 ~ 50 mm	1 000	0.25	1.5			机床自动加工，去除大部分外圆余量，满足精加工余量均匀。手动测量剩余余量			
4	精加工右端 C2 倒角、φ30$_{-0.013}^{0}$ mm 外圆面	T02	外径千分尺	25 ~ 50 mm	1 500	0.15	0.3			手动测量剩余余量，修改磨损，机床自动运行去除剩余余量后，再次测量，达到图纸要求			
5	粗加工 R1、R7.5 圆弧槽	T02	R 规	R7 ~ R14.5	1 000	0.20	1.0			机床自动加工，去除大部分圆弧槽余量，满足精加工余量均匀。手动测量剩余余量			
6	精加工 R1、R7.5 圆弧槽	T02	R 规	R7 ~ R14.5	1 500	0.10	0.3			手动测量剩余余量，修改磨损，机床自动运行去除剩余余量后，再次测量，达到图纸要求			

程序号：O0001

续表

工步号	工步内容	程序号	刀具号	量具选用 名称	量具选用 量程	切削用量 主轴转速/ ($r \cdot min^{-1}$)	切削用量 进给量/ ($mm \cdot r^{-1}$)	切削用量 背吃刀量/ mm	备注
					工序二				
7	调头装夹								将工件用三爪自定心卡盘夹紧，伸出长度约30 mm
8	粗加工 M24 螺纹外圆面、$\phi40_{-0.016}^{0}$ mm 外圆面、C1 倒角	OO0002	T01	外径千分尺	0~25 mm 25~50 mm	1 000	0.25	1.5	机床自动加工，去除大部分表面余量，满足精加工余量均匀。手动测量剩余余量
9	精加工 M24 螺纹外圆面、$\phi40_{-0.016}^{0}$ mm 外圆面、C1 倒角		T02	外径千分尺	0~25 mm 25~50 mm	1 500	0.15	0.3	手动测量剩余余量，机床自动运行去除剩余余量，再次测量，达到图纸要求
10	加工 5×2 槽		T03	叶片千分尺	0~25 mm	800	0.08	3.0	机床自动加工，去除大部分分槽余量，并满足槽底精度
11	车削 M24 螺纹		T04	螺纹环规	M24 - T/Z	700	3.00	0.1	

问题记录：

学习环节二　数控车削加工程序的编制

学习目标

（1）能够根据零件图基点坐标，写出绝对坐标、相对坐标的数值。

（2）能够根据直线、圆弧和复合循环指令，写出 G00、G01、G02、G03、G71、G70、G73 指令的格式及各参数的含义。

（3）能够正确选用数控车削加工指令，完成芯轴数控车削加工程序的编制。

学习过程

1. 数学处理

（1）M24 螺纹小径。

$$d_1 = d - 螺距 \times 1.107 = (24 - 3 \times 1.107)\,mm = 20.679\,mm$$

由于螺纹车刀为成形车刀，刀具强度较差，且切削进给量较大，在切削过程中刀具所受切削力也很大，所以一般要求分数次进给加工，并按递减趋势选择相对合理的背吃刀量。

（2）$R1$ 圆弧编程点坐标的确定。

由于 $R1$ 圆弧编程点坐标计算复杂，因此，$R1$ 圆弧坐标可结合二维 CAD 软件辅助查找编程点坐标。

2. 数控车削加工程序的编制

芯轴数控车削加工程序参考如表 1.3.6 所示。

表 1.3.6　芯轴数控车削加工程序参考

程序段号	加工程序	程序说明
	00001；	加工右端
	G99 G40 G21 G18；	程序初始化
	T0101；	换 1 号刀具，取 1 号刀具补偿值
	M03 S1000 M08；	主轴正转，转速为 1 000 r/min，打开 1 号切削液
	G00 Z0；	快速定位至 Z0 位置
	X47；	快速定位至 X47 位置
	G01 X−1 F0.25；	车削端面
	G00 Z1；	快速退刀至 Z1 位置
	X45；	快速退刀至毛坯外圆面位置
	G71 U1.5 R0.5；	外径粗加工复合循环指令

程序段号	加工程序	程序说明
	G71 P10 Q20 U0.6 W0.1 F0.25;	粗加工路径从 N10 段起始，至 N20 段结束；精加工余量 X 轴方向为 0.6 mm，Z 轴方向为 0.1 mm；进给量为 0.25 mm/r
N10	G00 X26;	快速定位至加工倒角 X 轴方向起刀点
	G01 Z0;	靠近端面
	G01 X30 Z−2;	加工 C2 倒角
	Z−70;	粗加工车削 $\phi30_{-0.013}^{0}$ mm 外圆面
	X38;	提刀至加工倒角起刀点
	X42 Z−72;	C1 倒角
N20	G01X45;	定位至外径粗加工循环指令起点
	G00 X220;	快速退刀至 X220 位置
	Z100;	快速退刀至 Z100 位置
	M05;	主轴停转
	M09;	切削液关闭
	M00;	程序停止
	T0202;	换 2 号刀具，取 2 号刀具补偿值
	M03 S1500 M08;	主轴正转，转速为 1 500 r/min，打开 1 号切削液
	G00 Z1;	快速定位至 Z1 位置
	X45;	快速定位至 X45 位置
	G70 P10 Q20 F0.15;	精加工复合循环指令加工外圆面，进给量为 0.15 mm/r
	G00 X220;	快速退刀至 X220 位置
	Z100;	快速退刀至 Z100 位置
	M05;	主轴停转
	M09;	关闭切削液
	M00;	程序停止
	M03 S1500 M08;	主轴正转，转速为 1 500 r/min，打开 1 号切削液
	G00 Z−22.5;	快速定位至 Z−22.5 位置
	X31;	快速定位至车削复合循环指令起点
	G73 U5 W2 R5;	复合形状粗加工循环指令，X 轴方向粗加工的总退刀量为 5 mm（半径），Z 轴方向粗加工的总退刀量为 2 mm，粗加工循环次数为 5 次
	G73 P30 Q40 U0.1 W0 F0.2;	X 轴方向精加工余量为 0.1 mm

程序段号	加工程序	程序说明
N30	G01 X30 G42;	提刀至定位点，在前进方向加右侧刀尖圆弧半径补偿
	G03 X28.94 Z－23.38 R1;	加工圆角 R1
	G02 X28.94 Z－36.62 R7.5;	加工外圆圆弧槽 R7.5
	G03 X30 Z－37.5 R7.5;	加工圆角 R1
N40	G01 X31 G40;	提刀至定位点，取消刀尖圆弧半径补偿
	G00 X220;	快速退刀至 X220 位置
	Z100;	快速退刀至 Z100 位置
	M05;	主轴停转
	M09;	关闭切削液
	M00;	程序停止
	M03 S1500 M08;	主轴正转，转速为 1 500 r/min，打开 1 号切削液
	G00 Z－22.5;	快速定位至 Z－22.5 位置
	X31;	快速定位至精加工循环指令起点
	G70 P30 Q40 F0.1;	精加工复合循环指令加工外圆面，进给量为 0.1 mm/r
	G00 X220;	快速退刀至 X220 位置
	Z100;	快速退刀至 Z100 位置
	M05;	主轴停转
	M09;	关闭切削液
	M30;	程序结束并返回程序起点

调头装夹，伸出长度为 30 mm。装夹时垫入铜片，以免夹伤已加工部分，车削端面保证总长为（100±0.05）mm

	O0002;	
	G99 G40 G21 G18;	程序初始化
	T0101;	换 1 号刀具，取 1 号刀具补偿值
	M03 S1000 M08;	主轴正转，转速为 1 000 r/min，打开 1 号切削液
	G00 Z0;	快速定位至 Z0 位置
	X47;	快速定位至 X47 位置
	G01 X－1 F0.25;	车削端面
	G00 Z1;	快速退刀至 Z1 位置
	X45;	快速退刀至毛坯外圆面位置
	G71 U1.5 R0.5;	外径粗加工复合循环指令

续表

程序段号	加工程序	程序说明
	G71 P10 Q20 U0.6 W0.1 F0.25;	粗加工路径从 N10 段起始，至 N20 段结束；精加工余量 X 轴方向为 0.6 mm，Z 轴方向为 0.1 mm；进给量为 0.25 mm/r
N10	G00 X21;	快速定位至加工倒角 X 轴方向起刀点
	G01 Z0;	靠近端面
	G01 X24 Z−1.5;	加工 $C1$ 倒角
	G01 Z−20;	加工 M24 螺纹外圆面
	X38;	提刀至倒角定位点
	X40 Z−21;	加工 $C1$ 倒角
	Z−30.8;	加工 $\phi 40_{-0.016}^{0}$ mm 外圆面
N20	G00 X45;	快速退刀至程序开始前定位点
	G00 X220;	快速退刀至 X220 位置
	Z100;	快速退刀至 Z100 位置
	M05;	主轴停转
	M09;	关闭切削液
	M00;	程序停止
	T0202;	换 2 号刀具，取 2 号刀具补偿值
	M03 S1500 M08;	主轴正转，转速为 1 500 r/min，打开 1 号切削液
	G00 Z1;	快速定位至 Z1 位置
	X45;	快速定位至 X45 位置
	G70 P10 Q20 F0.15;	精加工复合循环指令加工外圆面，进给量为 0.15 mm/r
	G00 X220;	快速退刀至 X220 位置
	Z100;	快速退刀至 Z100 位置
	M05;	主轴停转
	M09;	关闭切削液
	M00;	程序停止
	T0303;	换 3 号刀具，取 3 号刀具补偿值
	M03 S800 M08;	主轴正转，转速为 800 r/min，打开 1 号切削液
	G00 Z−20;	快速定位至 Z−20 位置
	X25;	快速定位至 X25 位置
	G01 X20 F0.08;	切槽加工
	G04 X1;	暂停 1 s
	G00 X220;	快速退刀至 X220 位置

续表

程序段号	加工程序	程序说明
	Z100;	快速退刀至 Z100 位置
	M05;	主轴停转
	M09;	关闭切削液
	M00;	程序停止
	T0404;	换 4 号刀具，取 4 号刀具补偿值
	M03 S700 M08;	主轴正转，转速为 700 r/min，打开 1 号切削液
	G00 X25 Z2;	快速定位至切削单循环指令起点
	G92 X23 Z - 16 F3;	螺纹切削单循环指令（螺纹切削第 1 刀）
	X22.3;	螺纹切削第 2 刀
	X21.6;	螺纹切削第 3 刀
	X21.3;	螺纹切削第 4 刀
	X21;	螺纹切削第 5 刀
	X20.8;	螺纹切削第 6 刀
	X20.7;	螺纹切削第 7 刀
	X20.679;	螺纹切削第 8 刀
	X20.679;	精修毛刺
	G00 X220;	快速退刀至 X220 位置
	Z100;	快速退刀至 Z100 位置
	M05;	主轴停转
	M09;	关闭切削液
	M30;	程序结束并返回程序起点

问题记录：_____

_____

_____

学习环节三　零件数控车削加工

学习目标

（1）能够按照企业对生产车间环境、安全、卫生、生产和事故的预防等标准，正确穿戴劳动防护用品，并严格执行生产安全操作规程。

（2）能够根据零件图，确定符合加工要求的工具、量具、夹具及辅具。

（3）能够正确装夹工件，并对其进行找正。

（4）能够正确规范地装夹数控车刀，并正确对刀，建立工件坐标系。

（5）能够正确进行程序编辑、输入、模拟、调试、优化等操作。

（6）能够规范使用量具，并在加工过程中适时检测，保证工件加工精度。

（7）能够独立解决在加工中出现的程序报警及机床简单故障。

（8）能够按车间现场 6S 管理和产品工艺流程的要求，正确规范地保养机床，并填写设备日常维护保养记录表（见附表2）。

学习过程

一、加工准备

1. 着装自检

根据生产车间着装管理规定，进行着装自检，并填写着装自检表。着装自检表如表1.3.7 所示。

表 1.3.7　着装自检表

序号	着装要求	自检结果
1	穿好工作服，做到三紧（下摆、领口、袖口）	
2	穿好劳保鞋	
3	戴好防护镜	
4	工作服外不得显露个人物品（挂牌、项链等）	
5	不可佩戴挂牌等物件	
6	若留长发，则需束起，并戴工作帽	

2. 机床准备

机床准备卡片如表1.3.8 所示。

表 1.3.8　机床准备卡片

检查项目	机械部分				电器部分		数控系统部分			辅助部分	
	主轴	进给	刀架	润滑	电源	散热	电气	控制	驱动	冷却	润滑
检查情况											
注：经检查后该部分完好，在相应项目下打"√"；若出现问题，则应及时报修。											

3. 领取工具、量具及刀具

工具、量具及刀具表如表1.3.9 所示。

表 1.3.9　工具、量具及刀具表

序号	名称	图片	数量	备注
1	刀尖角 80°外圆车刀		1 把	
2	刀尖角 35°外圆车刀		1 把	
3	5 mm 切槽车刀		2 把	
4	外螺纹车刀		1 把	
5	25~50 mm 外径千分尺		1 把	
6	0~25 mm 叶片千分尺		1 把	
7	M24 – T/Z 螺纹环规		1 套	
8	R 规		1 套	

续表

序号	名称	图片	数量	备注
9	0～150 mm 游标卡尺		1 把	
10	铜皮、铜棒		各1个	
11	刀架扳手、卡盘扳手		各1个	

4. 正确选择切削液

本任务选择 3%～5% 的乳化液作为切削液。

5. 领取毛坯

领取毛坯，测量并记录所领毛坯的实际外形尺寸，判断毛坯是否有足够的加工余量，以及其外形是否满足加工条件。

二、零件数控车削加工

1. 开机准备

正确开机，回参考点，建立机床坐标系，使机床对其后的操作有一个基准位置。

2. 安装毛坯和刀具

夹住毛坯外圆，伸出长度为 80 mm 左右，调头装夹 $\phi30_{-0.013}^{0}$ mm 外圆，在加工左端轮廓时需垫入铜皮，且在夹紧工件时不能使工件变形。

依次将刀尖角 80° 外圆车刀、刀尖角 35° 外圆车刀、5 mm 切槽车刀和外螺纹车刀装夹在 T01、T02、T03、T04 号刀位中，使刀具刀尖与工件回转中心等高。

3. 对刀操作

零件左、右端轮廓加工都可采用试切法对刀。

4. 输入程序并检验

将程序输入数控系统，分别调出两个程序，进行程序校验。在程序校验时，通常按下图形显示▨、"机床锁"▨功能按键校验程序，观察刀具轨迹。也可以采用数控仿真软件进行仿真验证。

5. 零件加工

（1）加工零件右端轮廓。

①调出程序 O0001，检查工件、刀具是否按要求夹紧，刀具是否已对刀。

②按下"自动方式"▨功能按键，进入 AUTO 自动加工方式调小进给倍率，按下"单段"▨功能按键，设置单段运行，按下"循环启动"功能按键进行零件加

工，在每段程序运行结束后继续按下"循环启动"功能按键，即可一步一步执行程序加工零件。在加工中观察切削情况，逐步将进给倍率调至适当大小。

③当程序运行到 N20 段，粗加工完毕后停机，适时测量外圆直径，根据尺寸误差，调整刀具补正参数，保证零件尺寸精度。

④继续按下"循环启动"功能按键，运行外轮廓精加工程序，保证尺寸精度。

（2）加工零件左端轮廓。

调头装夹 $\phi30 _{-0.013}^{0}$ mm 外圆，手动加工保证总长为（100±0.05）mm，调出程序 O0002。在 AUTO 自动加工方式下，按下"循环启动"功能按键进行自动加工。左端外圆表面尺寸精度并无要求，不需要测量调试。在加工过程中为避免三爪自定心卡盘破坏已加工表面，可垫一圈铜皮作为防护。

三、保养机床、清理场地

在加工完毕后，按照零件图要求进行自检，正确放置零件，并进行产品交接确认；按照国家环保相关规定和车间现场 6S 管理要求整理现场、清扫切屑、保养机床，并正确处置废油液等废弃物；按照车间规定填写交接班记录（见附表1）和设备日常维护保养记录表（见附表2）。

学习环节四　零件检测与评价

学习目标

（1）在教师的指导下，能够使用游标卡尺、外径千分尺等量具对零件进行检测。

（2）能够分析零件超差原因，并提出修改意见。

（3）能够根据实训室管理要求，合理保养、维护、放置工具及量具。

（4）能够填写零件质量检测结果报告单。

学习过程

一、明确测量要素，选取检测量具

游标卡尺、外径千分尺、螺纹环规、叶片千分尺（见图1.3.5）。

图 1.3.5　叶片千分尺

二、 检测零件， 并填写零件质量检测结果报告单

零件质量检测结果报告单如表 1.3.10 所示。

表 1.3.10　零件质量检测结果报告单

单位名称				班级学号		姓名		成绩
零件图号				零件名称				
项目	序号	考核内容		配分	评分标准	检测结果		得分
						学生	教师	
圆柱面	1	$\phi30_{-0.013}^{0}$	IT	8	超差 0.01 扣 2 分			
			Ra	5	降一级扣 2 分			
	2	$\phi40_{-0.016}^{0}$	IT	8	超差 0.01 扣 2 分			
			Ra	5	降一级扣 2 分			
	3	$\phi21$	IT	5	超差 0.01 扣 2 分			
			Ra	5	降一级扣 2 分			
长度	4	100 ± 0.05	IT	10	超差 0.01 扣 2 分			
	5	15	IT	5	超差 0.01 扣 2 分			
	6	30	IT	5	超差 0.01 扣 2 分			
	7	10	IT	5	超差 0.01 扣 2 分			
	8	5×2	IT	5	超差 0.01 扣 2 分			
倒角	9	$C1.5$	IT	5	超差 0.01 扣 2 分			
			Ra	5	降一级扣 2 分			
	10	$C2$	IT	3	超差 0.01 扣 2 分			
			Ra	3	降一级扣 2 分			
圆弧面	11	$R1$	IT	3	超差 0.01 扣 2 分			
			Ra	3	降一级扣 2 分			
	12	$R7.5$	IT	3	超差 0.01 扣 2 分			
			Ra	3	降一级扣 2 分			
螺纹	13	M24	IT	6	超差 0.01 扣 2 分			
检测结论								
产生不合格品原因								

三、 小组检查及评价

小组评价表如表 1.3.11 所示。

表 1.3.11 小组评价表

单位名称		零件名称	零件图号	小组编号
班级学号	姓名	表现	零件质量	排名

小组点评： _____

_____

四、 质量分析

数控车床在加工芯轴过程中常见问题的产生原因及其预防和消除方法如表 1.3.12 所示。

表 1.3.12 数控车床在加工芯轴过程中常见问题的产生原因及其预防和消除方法

常见问题	产生原因	预防和消除方法
在切削过程中出现干涉现象	（1）刀具几何参数不正确。 （2）刀具安装不正确	（1）正确选择刀具几何参数。 （2）正确安装刀具
圆弧顺逆方向不对	程序错误	检查、修改程序
圆弧尺寸不符合要求	（1）程序错误。 （2）刀具磨损严重。 （3）没有刀尖圆弧半径补偿	（1）检查、修改程序。 （2）重新刃磨或更换刀片。 （3）考虑刀尖圆弧半径补偿
表面粗糙	（1）由于刀具刚度不足或伸出太长而引起振动。 （2）刀具角度选择不当，如选用过小的前角和后角。 （3）切削用量选用不合理	（1）提高刀具刚度，正确装夹刀具。 （2）选择合理的车刀角度。 （3）进给量不宜太大，选择适当的精加工余量和切削速度

五、 教师填写考核结果报告单

考核结果报告单（教师填写）如表 1.3.13 所示。

表 1.3.13 考核结果报告单（教师填写）

单位名称		班级学号			姓名		成绩	
		零件图号			零件名称		芯轴	
序号	项目	考核内容			配分	得分	项目成绩	
1	零件质量 （25分）	圆柱面			7.5			
		长度			2.5			
		螺纹			5			
		倒角			2.5			
		圆弧槽、切槽			7.5			
2	工艺方案 制订 （30分）	零件图工艺信息分析			6			
		刀具、工具及量具的选择			6			
		确定零件定位基准和装夹方式			3			
		确定对刀点及对刀			3			
		制订加工方案			3			
		确定切削用量			4.5			
		填写数控加工工序卡			4.5			
3	编程加工 （20分）	数控车削加工程序的编制			8			
		零件数控车削加工			12			
4	刀具、夹具 及量具的 使用（10分）	量具的使用			4			
		刀具的安装			3			
		工件的安装			3			
5	安全文明 生产 （10分）	按要求着装			2			
		操作规范，无操作失误			5			
		保养机床、清理场地			3			
6	团队协作 （5分）	能与小组成员和谐相处，互相学习、互相帮助、不一意孤行			5			

六、 个人工作总结

在教师指导下分析零件加工质量，分析自己加工零件的超差形式及形式原因，填写个人工作总结报告（见表 1.3.14）。

表 1.3.14　个人工作总结报告

单位名称		零件名称		零件图号	
班级学号		姓名		成绩	

项目二 典型企业盘、套类产品的编程与加工

项目导读

盘、套类零件是机械加工中常见的典型零件之一，主要起支撑和导向的作用。不同的盘、套类零件也有很多的相同点。例如，它们的主要表面基本上都是圆柱形，有较高的尺寸精度、形状精度和表面粗糙度要求，而且有较高的同轴度等要求。本项目通过企业盘、套类产品零件加工任务的学习和实施，使学生熟悉盘、套类零件数控刀具的选用、零件加工方案的制订、夹具和装夹方式的选择、切削用量的确定、基本指令的运用、数控加工程序的编制、加工精度的控制、数控加工工序卡的填写、零件的检测和实际操作等方面的知识，并最终掌握一般盘、套类零件的加工工艺。

学习目标

1. 知识目标

（1）掌握 G74、G75、G76 等编程指令的应用及手工编程方法，完成零件的编程。

（2）掌握常用的试切对刀方法，完成刀具的正确对刀。

（3）掌握数控车削刀具的类型、组成、规格及尺寸，了解其适用于加工的零件轮廓形状。

（4）掌握盘、套类零件的加工工艺制定原则和方法。

2. 能力目标

（1）能够根据零件图和技术资料进行工艺分析，制订合理的加工方案。

（2）能够正确运用编程指令编制零件数控车削加工程序。

（3）能够根据数控车床操作规程，独立完成对工件的自动加工操作。

（4）能够进行经验总结和分析，解决加工中出现的问题，建立零件加工的完整工作思路，并培养创新能力。

3. 素质目标

（1）树立安全文明生产和车间现场 6S 管理意识。

（2）培养良好的道德品质、沟通协调能力、团队合作精神和一丝不苟的敬业精神。

（3）具备严谨细心、全面、追求卓越、高效、精益求精的职业素质。

项目二学习过程如图 2.0.1 所示。

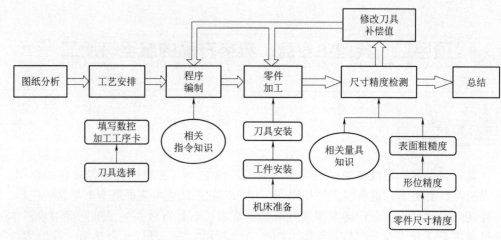

图2.0.1　项目二学习过程

　螺纹管的编程与加工

螺纹管是带螺纹的管件，常用于水管、煤气管、小直径水管、压缩空气管和低压蒸汽管等，与带螺纹的管端连接而成管路，以保证密封性。本任务要求学生能够根据企业生产任务单制定零件加工工艺，编写零件加工程序，在数控车床上进行实际加工操作，并对加工后的零件进行检测、评价，最后以小组为单位对零件成果进行总结。

任务导入

一、企业生产任务单

螺纹管生产任务单如表2.1.1所示。

表2.1.1　螺纹管生产任务单

单位名称								
产品清单	序号	零件名称	毛坯外形尺寸	数量	材料	出单日期	交货日期	技术要求
	1	螺纹管	φ90 mm×47 mm	20 个	45 钢	2023.9.14	2023.9.20	见图纸
出单人签字： 日期：＿＿年＿＿月＿＿日				接单人签字： 日期：＿＿年＿＿月＿＿日				

二、 螺纹管产品与零件图

螺纹管产品与零件图如图 2.1.1 所示。

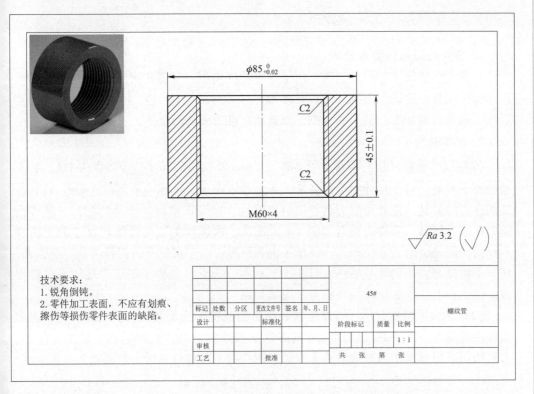

图 2.1.1 螺纹管产品与零件图

学习环节一 零件工艺分析

学习目标

（1）能够阅读企业生产任务单，明确工作任务，制订合理的工作进度计划。

（2）能够根据零件图和技术资料，进行螺纹管零件工艺分析。

（3）能够根据加工工艺、螺纹管零件材料和形状特征等选择刀具和刀具的几何参数，并确定数控车削加工合理的切削用量。

（4）能够合理制订螺纹管的加工方案，并填写数控加工工序卡。

一、零件图工艺信息分析

1. 零件轮廓几何要素分析

该螺纹管的加工面由外圆面、内螺纹等特征构成。其各几何元素之间关系明确，尺寸标注完整、正确，有统一的设计基准。该零件的结构工艺性好，零件一侧加工后便于调头装夹加工；其形状规则，可选用标准刀具进行加工。

2. 精度分析

（1）尺寸精度分析：该螺丝管 $\phi 85_{-0.02}^{0}$ mm 外圆面的尺寸公差等级为 IT6，加工精度要求较高。对于尺寸精度的要求，主要通过在加工过程中采用适当的走刀路线、选用合适的刀具、正确设置刀具补偿值及摩耗，以及正确制定合适的加工工艺等措施来保证。同时，零件内孔有 M60 × 4 内螺纹，内螺纹加工与外螺纹加工的方法基本相同，但进、退刀方向相反。在加工内螺纹时，由于螺纹车刀刀杆细长、刚性差、切屑不易排出、切削液不易注入且不便于观察，因此，相较于加工外螺纹要困难得多。这是在本任务实施时需要重点考虑的问题。

（2）表面粗糙度分析：该螺丝管表面粗糙度要求全部为 Ra 3.2 μm。对于表面粗糙度的要求，主要通过选用合适的刀具及其几何参数，正确的粗、精加工路线，合理的切削用量及切削液等措施来保证。螺纹管工艺信息分析卡片如表 2.1.2 所示。

表 2.1.2　螺纹管工艺信息分析卡片

分析内容	分析理由
形状及尺寸大小	该零件由外圆面、内螺纹等特征组成。可选择现有的设备型号为 TK50、系统为 FANUC Series 0i – TF 的卧式数控车床，刀具选 4 把即可
结构工艺性	该零件的结构工艺性好，零件一侧加工后便于调头装夹加工。形状规则，可选用标准刀具进行加工
几何要素及尺寸标注	该零件轮廓几何要素定义完整，尺寸标注符合数控加工要求，有统一的设计基准，且便于加工、测量
精度及表面粗糙度	该零件外轮廓尺寸精度要求公差等级为 IT6 级，表面粗糙度要求最高为 Ra 3.2 μm。表面质量要求较高
材料及热处理	该零件所用材料为 45 钢，经正火、调质、淬火后具有一定的强度、韧性、耐磨性，经正火后硬度为 170～230 HB，经调质后硬度为 220～250 HB。其加工性能等级代号为 4，属较易切削金属。该零件对刀具材料无特殊要求，因此，选用硬质合金刀具或涂层材料刀具均可。在加工时不宜选择过大的切削用量，在切削过程中根据加工条件可加切削液
其他技术要求	该零件要求去除毛刺飞边，加工完可用锉、砂纸、刮刀等去除
定位基准及生产类型	该零件生产类型为成批生产，因此，要按成批生产类型制定工艺规程。定位基准可选在外圆表面

问题记录： _____

_____

二、 刀具、 工具及量具的选择

数控车床一般均使用机夹可转位车刀。本螺纹管加工选用株洲钻石系列刀具，刀片材料采用硬质合金。内孔车刀具尽可能选择直径大的，在刀具安装时伸出长度尽可能短。数控车床加工螺纹管刀具卡如表 2.1.3 所示，数控车床加工螺纹管工具及量具清单如表 2.1.4 所示。

表 2.1.3　数控车床加工螺纹管刀具卡

工步号	刀具号	刀具名称	刀具参数				刀片材料	偏置号	刀杆型号
			刀尖半径/mm	刀尖方位	刀片型号				
1	T01	外圆粗车刀	0.8	3	CNMG120408 – DR	硬质合金	1	DCLNR2525M09
2	T02	外圆精车刀	0.4	3	VNMG160404 – DF	硬质合金	2	DVJNR2525M16
3	T03	内孔车刀	0.4	8	ZQMX5N11 – IE	硬质合金	3	S20R – PCLNR09
4	T04	内螺纹车刀	0.1	8	Z16IR4NPT	硬质合金	4	ZSIR0040T16
5		中心钻				硬质合金		$\phi6$ mm B 型
6		麻花钻				硬质合金		1534SU03 – 2000

表 2.1.4　数控车床加工螺纹管工具及量具清单

分类	名称	尺寸规格	数量	备注
量具	游标卡尺	0 ~ 150 mm	1 把	
	外径千分尺	75 ~ 100 mm	1 把	
	螺纹塞规	M60 ×4/T – Z	1 套	
工具	铜棒、铜皮		自定	铜皮宽度为 25 mm
	活动扳手	300 mm × 24 mm	自定	
	护目镜等安全装备		1 套	

三、 确定零件定位基准和装夹方式

采用三爪自定心卡盘装夹。

四、 确定对刀点及对刀

将工件右端面中心点设为工件坐标系的原点。

五、 制订加工方案

工序一简图如图 2.1.2 所示。

（1）三爪自定心卡盘夹持零件的毛坯外圆，伸出长度为 33 mm 左右，手动钻中心孔后，钻 $\phi20$ mm 底孔，如图 2.1.2（a）所示。

（2）粗加工 $\phi85_{-0.02}^{0}$ mm 外圆面长度至 29 mm。

（3）精加工 $\phi85_{-0.02}^{0}$ mm 外圆面长度至 29 mm。

（4）粗加工 M60×4 内螺纹小径，并倒角。

（5）精加工 M60×4 内螺纹小径，并倒角，如图 2.1.2（b）所示。

（6）车削 M60×4 螺纹，如图 2.1.2（c）所示。

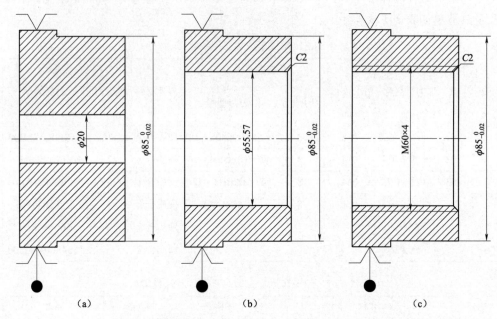

（a）　　　　　　　　　（b）　　　　　　　　　（c）

图 2.1.2　工序一简图

（a）钻 $\phi20$ mm 底孔；（b）精加工 M60×4 内螺纹小径，并倒角；（c）车削 M60×4 螺纹

工序二简图如图 2.1.3 所示。

（7）调头装夹 $\phi85_{-0.02}^{0}$ mm 外圆，伸出长度为 30 mm。

注：装夹时垫入铜片，以免夹伤已加工部分。

（8）车削端面保证总长为（45±0.1）mm。

（9）粗加工 $\phi85_{-0.02}^{0}$ mm 外圆面长度至 25 mm。

（10）精加工 $\phi85_{-0.02}^{0}$ mm 外圆面长度至 25 mm。

（11）加工 C2 倒角。

六、确定切削用量

钻孔加工时的切削用量。

（1）切削深度（背吃刀量）a_{p}。在钻孔时，切削深度是钻头直径的 1/2。

（2）切削速度 v。用麻花钻钻钢料时，切削速度

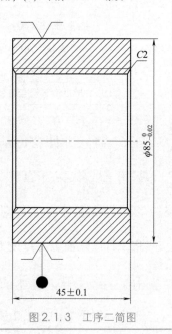

图 2.1.3　工序二简图

一般选 15 ~ 30 m/min；钻铸件时，切削速度一般选 75 ~ 90 m/min。

（3）进给量 f。在车床上钻孔时，工件转一周，钻头沿轴向移动的距离为进给量。在数控车床上是用手慢慢转动尾座手轮来实现进给运动的。进给量太大会使钻头折断，用直径为 12 ~ 25 mm 的麻花钻钻钢料时，f 一般选 0.15 ~ 0.35 mm/r；钻铸件时，进给量略大些，一般选 0.15 ~ 0.4 mm/r。

可从《切削用量手册》中查找相关切削用量，也可依据以往加工的经验，确定切削用量相关参数。

七、 填写数控加工工序卡

螺纹管数控加工工序卡如表 2.1.5 所示。

表 2.1.5　螺纹管数控加工工序卡

单位名称		零件名称		设备				毛坯规格	$\phi90\ mm \times 47\ mm$		车间			姓名	
		夹具名称		材料牌号	45 钢						学号			成绩	
		程序号	O0001	量具选用				切削用量						备注	
工步号	工步内容	刀具号		名称	量程	主轴转速/ $(r \cdot min^{-1})$		进给量/ $(mm \cdot r^{-1})$		背吃刀量/ mm					
						工序一									
1	装夹毛坯												将工件用三爪自定心卡盘夹紧，伸出长度约为 33 mm		
2	打中心孔	中心钻				600									
3	麻花钻钻孔	麻花钻				300									
4	加工右端面	T01				800		0.25		1.0			机床自动加工，去除大部分外圆面余量，满足精加工余量均匀。手动测量剩余余量		
5	粗加工 $\phi85^{\ 0}_{-0.02}\ mm$ 外圆面	T01		外径千分尺	75 ~ 100 mm	800		0.25		1.5					
6	精加工 $\phi85^{\ 0}_{-0.02}\ mm$ 外圆面	T02		外径千分尺	75 ~ 100 mm	1 000		0.15		0.3			手动测量剩余余量，修改磨损后，机床自动运行去除剩余量，再次测量，达到图纸要求		
7	粗加工 M60 × 4 内螺纹小径，并倒角	T03		游标卡尺	0 ~ 150 mm	800		0.25		1.5			机床自动加工，去除大部分表面余量，满足精加工余量均匀。手动测量剩余余量		
8	精加工 M60 × 4 内螺纹小径，并倒角	T03		游标卡尺	0 ~ 150 mm	1 000		0.15		0.3			手动测量剩余余量，修改磨损后，机床自动运行去除剩余量，再次测量，达到图纸要求		
9	车削 M60 × 4 螺纹	T04		螺纹塞规	M60 × 4 – T/Z	800									

续表

工步号	工步内容	程序号	刀具号	量具选用		切削用量			备注
				名称	量程	主轴转速/(r·min⁻¹)	进给量/(mm·r⁻¹)	背吃刀量/mm	
						工序二			
10	调头装夹工件，夹紧 $\phi85^{\ 0}_{-0.02}$ mm 外圆								伸出长度为 30 mm。装夹时垫入铜片，以免夹伤已加工部分
11	百分表打表找正			百分表	0.01/0~10 mm				运用夹持百分表的磁力表座吸附在工件周围，表针接触并压紧，在精加工表面时，手动转动卡盘，找出工件最高点，并敲击工件毛坯面，让指针浮动在最小范围
12	加工左端面	00002	T01	游标卡尺	0~150 mm	1 000	0.1	0.5	保证总长为（45±0.1）mm
13	粗加工 $\phi85^{\ 0}_{-0.02}$ mm 外圆面长度至 25 mm		T01	外径千分尺	75~100 mm	1 000	0.25	1.5	机床自动加工，去除大部分外圆面余量，满足精加工余量均匀。手动测量剩余测量余量
14	精加工 $\phi85^{\ 0}_{-0.02}$ mm 外圆面长度至 25 mm		T02	外径千分尺	75~100 mm	1 500	0.15	0.3	手动测量剩余余量，修改磨损，机床自动运行去除剩余余量后，再次测量，达到图纸要求
15	倒角		T03	游标卡尺	0~150	1 000	0.15	2.0	机床自动加工，去除大部分倒角余量，并满足螺纹小径直径

问题记录：

学习环节二　数控车削加工程序的编制

学习目标

（1）能够根据直线、复合螺纹循环指令，写出 G00、G01、G76 指令的格式及各参数的含义。

（2）掌握 G76 指令的应用特点。

（3）掌握数控车床加工典型大螺距螺纹零件的编程方法，并完成螺纹管数控车削加工程序的编制。

学习过程

1. 数学处理

M60×4 螺纹小径的计算式为：

$$d_1 = d - 螺距 \times 1.107 = (60 - 4 \times 1.107) \, \text{mm} = 55.572 \, \text{mm}$$

在上篇项目四任务五中已经介绍过 G32 螺纹切削指令、G92 螺纹切削单循环指令加工三角形螺纹的编程方法。G32 指令每切一刀螺纹，需编写 4 个程序段，十分烦琐；G92 指令每切一刀螺纹需 1 个程序段，切 10 刀则需 10 个程序段，也较为烦琐，且进刀均采用直进法，在加工大螺距螺纹零件时刀具受力大，容易崩刃，加工质量也无法保证。因此，本任务选用 G76 螺纹切削复合循环指令进行螺纹加工。

2. 数控车削加工程序的编制

螺纹管数控车削加工程序参考如表 2.1.6 所示。

表 2.1.6　螺纹管数控车削加工程序参考

程序段号	加工程序	程序说明
	O0001；	加工右端
	G99 G40 G21 G18；	程序初始化
	T0101；	换 1 号刀具，取 1 号刀具补偿值
	M03 S800 M08；	主轴正转，转速为 800 r/min，打开 1 号切削液
	G00 Z0；	快速定位至 Z0 位置
	X92；	快速定位至毛坯外圆面位置
	G01 X45 F0.25；	车削端面
	G00 Z3；	快速退刀至 Z3 位置
	X92；	快速定位至外圆切削单循环指令起点

程序段号	加工程序	程序说明
	G90 X87 Z－29 F0.25；	内外圆切削单循环指令粗加工 $\phi 85_{-0.02}^{0}$ mm 外圆面，
	G90 X85.6 Z－29 F0.25；	并给精加工留余量
	G00 X200；	快速退刀至 X200 位置
	Z100；	快速退刀至 Z100 位置
	M05；	主轴停止
	M09；	关闭切削液
	M00；	程序停止
	T0202；	换 2 号刀具，取 2 号刀具补偿值
	M03 S1000 M08；	主轴正转，转速为 1 000 r/min，打开 1 号切削液
	G00 Z1；	快速定位至 Z1 位置
	X84；	快速定位至加工倒角起刀点
	G01 Z0 F0.25；	靠近端面
	G01 X85 Z－0.5 F0.15；	加工 C0.5 倒角，并去毛刺
	G01 Z－29；	精加工 $\phi 85_{-0.02}^{0}$ mm 外圆面
	G00 X200；	快速退刀至 X200 位置
	Z100；	快速退刀至 Z100 位置
	M05；	主轴停转
	M09；	关闭切削液
	M00；	程序停止
	T0303；	换 3 号刀具，取 3 号刀具补偿值
	M03 S800 M08；	主轴正转，转速为 800 r/min，打开 1 号切削液
	G00 Z3；	快速定位至 Z3 位置
	X16；	快速定位至内径粗加工循环指令起点
	G71 U1.5 R1；	外径粗加工复合循环指令，每切削一次背吃刀量为
	G71 P10 Q20 U－0.3 W0.1 F0.25；	1.5 mm，退刀量为 1 mm，精加工余量 X 轴方向为 0.3 mm，Z 轴方向为 0.1 mm
N10	G01 X60 F0.15；	
	Z0；	
	X55.72 W－2；	粗加工路径从 N10 段起始，至 N20 段结束
	Z－47；	
N20	X55；	
	G00 Z3；	Z 轴方向快速离开工件
	M03 S1000；	主轴正转，转速为 1 000 r/min
	G70 P10 Q20；	精加工复合循环指令

续表

程序段号	加工程序	程序说明
	G00 Z100；	快速退刀至 Z100 位置
	X200；	快速退刀至 X200 位置
	M05；	主轴停转
	M09；	关闭切削液
	M00；	程序停止
	T0404；	换 4 号刀具，取 4 号刀具补偿值
	M03 S700 M08；	主轴正转，转速为 700 r/min，打开 1 号切削液
	G00 Z3；	快速定位至 Z3 位置
	X54；	快速定位至加工螺纹小径起刀点
	G76 P030060 Q50 R0.1；	螺纹切削复合循环指令，精加工 3 次倒角量为 0 mm，牙型角为 60°，每刀背吃刀量为 50 mm，精加工余量单边为 0.1 mm
	G76 X60 Z－50 P2214 Q500 F4；	螺纹牙高为 0.221 4 mm，第一刀背吃刀量为 500 mm，螺纹导程为 4 mm
	G00 Z100；	快速退刀至 Z100 位置
	X220；	快速退刀至 X220 位置
	M05；	主轴停转
	M09；	关闭切削液
	M30；	程序结束并返回程序起点

调头装夹，伸出长度为 30 mm，百分表打表找正。装夹时垫入铜片，以免夹伤已加工部分，车削端面保证总长为 (45±0.1) mm

程序段号	加工程序	程序说明
	O00002；	
	G99 G40 G21 G18；	程序初始化
	T0101；	换 1 号刀具，取 1 号刀具补偿值
	M03 S1000 M08；	主轴正转，转速为 1 000 r/min，打开 1 号切削液
	G00 Z0；	快速定位至 Z0 位置
	X92；	快速定位至毛坯面位置
	G01 X45 F0.25；	车削端面
	G00 Z3；	快速退刀至 Z3 位置
	X92；	快速定位至外圆切削单循环指令起点
	G90 X87 Z－25 F0.25；	内外圆切削单循环指令粗加工 $\phi85^{\ 0}_{-0.02}$ mm 外圆面，并给精加工留余量
	G90 X85.6 Z－25 F0.25；	
	G00 X200；	快速退刀至 X200 位置
	Z100；	快速退刀至 Z100 位置

程序段号	加工程序	程序说明
	M05;	主轴停止
	M09;	关闭切削液
	M00;	程序停止
	T0202;	换 2 号刀具，取 2 号刀具补偿值
	M03 S1500 M08;	主轴正转，转速为 1 500 r/min，打开 1 号切削液
	G00 Z1;	快速定位至 Z1 位置
	X84;	快速定位至加工倒角起刀点
	G01 Z0 F0.25;	靠近端面
	G01 X85 Z−0.5 F0.15;	加工 C0.5 倒角，并去毛刺
	G01 Z−25;	精加工 $\phi 85_{0.02}^{0}$ mm 外圆面
	G00 X200;	快速退刀至 X200 位置
	Z100;	快速退刀至 Z100 位置
	M05 M09 M00;	主轴停转，关闭切削液，程序停止
	T0303;	换 3 号刀具，取 3 号刀具补偿值
	M03 S1000 M08;	主轴正转，转速为 1 000 r/min，打开 1 号切削液
	G00 Z2;	快速定位至 Z2 位置
	X60;	快速定位至 X60 位置
	G01 Z0 F0.15;	定位加工倒角起刀点
	G01 X56 W−2 F0.15;	加工倒角
	X50;	X 轴方向退刀
	G00 Z100;	快速退刀至 Z100 位置
	X200;	快速退刀至 X200 位置
	M05;	主轴停转
	M09;	关闭切削液
	M30;	程序结束并返回程序起点

问题记录：_____

学习环节三　零件数控车削加工

学习目标

（1）能够按照企业对生产车间环境、安全、卫生、生产和事故的预防等标准，正确穿戴劳动防护用品，并严格执行生产安全操作规程。

（2）能够根据零件图，确定符合加工要求的工具、量具、夹具及辅具。

（3）能够正确装夹工件，并对其进行找正。

（4）能够正确规范地装夹数控车刀，并正确对刀，建立工件坐标系。

（5）能够正确进行程序编辑、输入、模拟、调试、优化等操作。

（6）能够规范使用量具，并在加工过程中适时检测，保证工件加工精度。

（7）能够独立解决加工中出现的程序报警及机床简单故障。

（8）能够按车间现场 6S 管理和产品工艺流程的要求，正确规范地保养机床，并填写设备日常维护保养记录表（见附表2）。

学习过程

一、加工准备

1. 着装自检

根据生产车间着装管理规定，进行着装自检，并填写着装自检表。着装自检表如表 2.1.7 所示。

表 2.1.7　着装自检表

序号	着装要求	自检结果
1	穿好工作服，做到三紧（下摆、领口、袖口）	
2	穿好劳保鞋	
3	戴好防护镜	
4	工作服外不得显露个人物品（挂牌、项链等）	
5	不可佩戴挂牌等物件	
6	若留长发，则需束起，并戴工作帽	

2. 机床准备

机床准备卡片如表 2.1.8 所示。

表 2.1.8　机床准备卡片

检查项目	机械部分				电器部分		数控系统部分			辅助部分	
	主轴	进给	刀架	润滑	电源	散热	电气	控制	驱动	冷却	润滑
检查情况											

注：经检查后该部分完好，在相应项目下打"√"；若出现问题，则应及时报修。

3. 领取工具、量具及刀具

工具、量具及刀具表如表 2.1.9 所示。

表 2.1.9　工具、量具及刀具表

序号	名称	图片	数量	备注
1	刀尖角80°外圆车刀		1把	
2	刀尖角35°外圆车刀		1把	
3	内孔车刀		1把	
4	内螺纹车刀		1把	
5	M60×4－T/Z 螺纹塞规		1个	
6	0~150 mm 游标卡尺		1把	
7	外径千分尺		1把	
8	铜皮、铜棒		各1个	
9	刀架扳手、卡盘扳手		各1个	

4. 正确选择切削液

本任务选择3%~5%的乳化液作为切削液。

5. 领取毛坯

领取毛坯，测量并记录所领毛坯的实际外形尺寸，判断毛坯是否有足够的加工余量，以及其外形是否满足加工条件。

二、 零件数控车削加工

1. 开机准备

正确开机，回参考点，建立机床坐标系，使机床对其后的操作有一个基准位置。

2. 安装毛坯和刀具

夹住毛坯外圆，伸出长度为 33 mm 左右，调头装夹 $\phi85_{-0.02}^{0}$ mm 外圆，在加工左端轮廓时需垫入铜皮，且在夹紧工件时不能使工件变形。

依次将刀尖角 80° 外圆车刀、刀尖角 35° 外圆车刀、内孔车刀和内螺纹车刀装夹在 T01、T02、T03、T04 号刀位中，使刀具刀尖与工件回转中心等高。手动钻中心孔、钻孔，将中心钻和麻花钻分别装入尾座套筒，依次钻中心孔和钻孔。

注：（1）在数控车床上钻孔的方法。

利用钻头将工件钻出孔的操作称为钻孔。钻孔的公差等级为 IT10 以下，表面粗糙度为 Ra 12.5 μm，多用于粗加工孔。在数控车床上钻孔，工件装夹在卡盘上，钻头安装在尾架套筒锥孔内。在钻孔前先加工平端面，并加工出一个中心坑，或先用中心钻钻中心孔作为引导。在钻孔时，摇动尾架手轮使钻头缓慢进给，注意需经常退出钻头排屑。钻孔进给不能过猛，以免折断钻头。在钻钢件时应加切削液。

钻孔注意事项如下。

①起钻时进给量要小，待钻头头部全部进入工件后，才能正常钻削。

②在钻钢件时，应加切削液，防止因钻头发热而退火。

③在钻小孔或钻较深孔时，由于铁屑不易排出，必须经常退出钻头排屑，否则会因铁屑堵塞而使钻头"咬死"或折断。

④在钻小孔时，主轴转速应选择快些，钻头的直径越大，钻速相应越慢。

⑤当钻头将要钻通工件时，由于钻头横刃首先钻出，因此轴向阻力大幅减小，这时进给速度必须减慢，否则钻头容易被工件卡死，造成锥柄在床尾套筒内打滑而损坏锥柄和锥孔。

（2）在数控车床上镗孔的方法。

在数控车床上对工件的孔进行车削的操作称为镗孔（又称车孔），是对锻出、铸出或钻出孔的进一步加工。镗孔可以较好地纠正原来孔轴线的偏斜，并可提高精度和减小粗糙度，可作粗加工、半精加工和精加工。镗孔分为镗通孔和镗不通孔。

在安装内孔车刀时，伸出刀架的长度应尽量小，刀尖装得要略高于中心，以减少振动和扎刀现象。

镗通孔基本上与加工外圆面相同，只是进刀和退刀方向相反。在粗镗内孔和精镗内孔时也要进行试切和试测，其方法与车外圆面相同。注意通孔镗孔车刀的主偏角为 45°～75°，如图 2.1.4 所示。不通孔镗孔车刀主偏角为大于 90°，如图 2.1.5 所示。

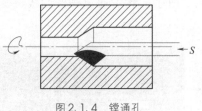

图2.1.4 镗通孔

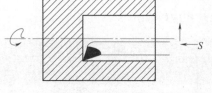

图2.1.5 镗不通孔

镗孔注意事项如下。

①在镗孔前先使内孔车刀在孔内手动试走一遍，确认刀杆不会与孔壁干涉后再开机镗孔。

②在镗孔时，进给量、切削深度要比加工外圆面时略小。刀杆越细，切削深度也越小。

③镗孔的切深方向和退刀方向与加工外圆面正好相反，在操作时须特别注意。

④由于镗孔车刀刀杆的刚性差，容易产生"让刀"现象而使内孔成为锥孔，这时需适当降低切削用量，重新镗孔。

镗孔尺寸的控制和测量。

①孔深：用游标卡尺或深度千分尺来控制孔深。在加工时，可采用铜片控制孔深。

②孔径的测量：一般精度的孔径可用游标卡尺测量；高精度的孔径则用内径千分尺或内径百分表测量。对于大批量产品的可用螺纹塞规检验。

3. 对刀操作

外圆车刀和螺纹车刀采用试切法对刀。镗孔车刀对刀步骤如下。

（1）Z 轴方向对刀。在手轮方式下，将刀具移至工件附近，当距离越近时，进给倍率要越小，使镗孔车刀的刀尖与已加工好的工件端面接触，听见摩擦声或有微小切屑产生时，在刀具相应的补偿一行上键入"Z0;"，按下"测量"按键，完成镗孔车刀 Z 轴方向对刀，如图2.1.6所示。

图2.1.6 镗孔车刀 Z 轴方向对刀

（2）X 轴方向对刀。在 MDI 方式下输入"M03 S400;"使主轴正转，转速为400 r/min，切换成手轮方式移动膛孔车刀试切内孔，孔深为 2～3 mm，再沿 Z 轴正方向退出，停机测量所镗内孔直径，如图 2.1.7 所示，然后通过操作面板将其值输入刀具相应的补偿中。

图 2.1.7　镗孔车刀 X 轴方向对刀

对刀结束后分别进行 X 轴、Z 轴对刀验证。工件调头装夹车削时，所用车刀都应重新对刀并验证。

4. 输入程序并检验

将程序输入数控系统，分别调出两个程序，进行程序校验。在程序校验时，通常按下图形显示 █、"机床锁" ▣ 功能按键校验程序，观察刀具轨迹。也可以采用数控仿真软件进行仿真验证。

5. 零件加工

（1）加工零件右端轮廓。

①调出程序 O0001，检查工件、刀具是否按要求夹紧，刀具是否已对刀。

②按下自动方式，进入 AUTO 自动加工方式，调小进给倍率，按下"单段"功能按键，设置单段运行，按下"循环启动"功能按键进行零件加工，在每段程序运行结束后继续按下"循环启动"功能按键，即可一步一步执行程序加工零件。在加工中观察切削情况，逐步将进给倍率调至适当大小。

③当程序运行到粗加工结束段，粗加工完毕后停机，适时测量外圆直径，根据尺寸误差，调整刀具补正参数，保证零件尺寸精度。

④继续按下"循环启动"功能按键，运行外轮廓精加工程序，保证尺寸精度。

（2）加工零件左端轮廓。

调头装夹 $\phi 85_{-0.02}^{0}$ mm 外圆，手动加工保证总长为（45±0.1）mm，调出程序 O0002。在 AUTO 自动加工方式下，按下"循环启动"功能按键进行自动加工。左端外圆表面尺寸精度并无要求，不需要测量调试。在加工过程中为避免三爪自定心卡盘破坏已加工表面，可垫一圈铜皮作为防护。

三、保养机床、清理场地

在加工完毕后，按照零件图要求进行自检，正确放置零件，并进行产品交接确认；按照国家环保相关规定和车间现场 6S 管理要求整理现场、清扫切屑、保养机床，并正确处置废油液等废弃物；按照车间规定填写交接班记录（见附表1）和设备日常维护保养记录表（见附表2）。

学习环节四　零件检测与评价

学习目标

（1）在教师的指导下，能够使用游标卡尺、外径千分尺等量具对零件进行检测。

（2）能够分析零件超差原因，并提出修改意见。

（3）能够根据实训室管理要求，合理保养、维护、放置工具及量具。

（4）能够填写零件质量检测结果报告单。

学习过程

一、明确测量要素，选取检测量具

游标卡尺、外径千分尺、螺纹塞规。

二、检测零件，并填写零件质量检测结果报告单

在检测内螺纹时应选取与实际内螺纹尺寸、公差等级相匹配的螺纹塞规进行旋入检测。当螺纹塞规的通端能够顺利全部旋入被测螺纹的有效工作长度，而止端不能够旋入，或只能旋入小于两个螺距时，就认定该内螺纹尺寸合格，图2.1.8所示为通端顺利旋入，而止端不能旋入的效果图。

螺纹塞规

(a)　　　　　　　　　　　　　(b)

图2.1.8　螺纹塞规检测合格效果图

(a) 通端旋入效果图；(b) 止端无法旋入效果图

零件质量检测结果报告单如表2.1.10所示。

表 2.1.10　零件质量检测结果报告单

单位名称				班级学号			姓名	成绩
零件图号				零件名称				
项目	序号	考核内容		配分	评分标准		检测结果	得分
							学生　教师	
圆柱面	1	$\phi85_{-0.02}^{0}$	IT	20	超差 0.01 扣 2 分			
			Ra	20	降一级扣 2 分			
长度	2	45 ± 0.1	IT	30	超差 0.01 扣 2 分			
倒角	3	C2	IT	10	超差 0.01 扣 2 分			
			Ra	5	降一级扣 2 分			
内螺纹	4	M60×4	IT	15	超差 0.01 扣 2 分			
检测结论								
产生不合格品原因								

三、 小组检查及评价

小组评价表如表 2.1.11 所示。

表 2.1.11　小组评价表

单位名称		零件名称	零件图号	小组编号
班级学号	姓名	表现	零件质量	排名

小组点评：_____

四、 质量分析

数控车床在加工螺纹管过程中常见问题的产生原因及其预防和消除方法如表2.1.12所示。

表2.1.12 数控车床在加工螺纹管过程中常见问题的产生原因及其预防和消除方法

常见问题	产生原因	预防和消除方法
内孔有锥度	（1）刀具磨损。 （2）程序错误。 （3）刀柄刚度差，产生"让刀"现象。 （4）主轴轴线歪斜。 （5）床身导轨磨损	（1）重新刃磨或更换刀片。 （2）检查、修改程序，加入刀尖圆弧半径补偿。 （3）尽量采用大尺寸刀柄，减少切削用量。 （4）检查车床精度。 （5）校正机床水平
内孔表面粗糙	（1）刀具磨损或刃磨不良。 （2）刀具角度选择不当。 （3）切削用量选择不当。 （4）刀柄细长，产生振动	（1）重新刃磨或更换刀片。 （2）选择合理的刀具角度。 （3）适当降低切削速度，减少进给量。 （4）加粗刀柄，降低切削速度

五、 教师填写考核结果报告单

考核结果报表单（教师填写）如表2.1.13所示。

表2.1.13 考核结果报表单（教师填写）

单位名称		班级学号		姓名		成绩	
		零件图号		零件名称		螺纹管	
序号	项目	考核内容		配分	得分	项目成绩	
1	零件质量 （30分）	圆柱面		8			
		长度		8			
		螺纹		10			
		倒角		4			
2	工艺方案 制订 （30分）	零件图工艺信息分析		6			
		刀具、工具及量具的选择		6			
		确定零件定位基准和装夹方式		3			
		确定对刀点及对刀		3			
		制订加工方案		3			
		确定切削用量		4.5			
		填写数控加工工序卡		4.5			

序号	项目	考核内容	配分	得分	项目成绩
3	编程加工 （20分）	数控车削加工程序的编制	8		
		零件数控车削加工	12		
4	刀具、夹具 及量具的 使用（5分）	量具的使用	2		
		刀具的安装	2		
		工件的安装	1		
5	安全文明 生产 （10分）	按要求着装	2		
		操作规范，无操作失误	5		
		保养机床、清理场地	3		
6	团队协作 （5分）	能与小组成员和谐相处，互相学习、互相帮助、不一意孤行	5		

六、个人工作总结

在教师指导下分析零件加工质量，分析自己加工零件的超差形式及形成原因，填写个人工作总结报告（见表2.1.14）。

表2.1.14　个人工作总结报告

单位名称		零件名称		零件图号	
班级学号		姓名		成绩	

 任务二 开口套的编程与加工

开口套中的端面槽在机械零件中起着不可替代的作用，如密封作用。本任务要求学生能够根据企业生产任务单制定零件加工工艺，编写零件加工程序，在数控车床上进行实际操作加工，并对加工后的零件进行检测、评价，最后以小组为单位对零件成果进行总结。

任务导入

一、企业生产任务单

开口套生产任务单如表2.2.1所示。

表2.2.1 开口套生产任务单

单位名称								
产品清单	序号	零件名称	毛坯外形尺寸	数量	材料	出单日期	交货日期	技术要求
	1	开口套	ϕ50 mm×55 mm	30 个	45 钢	2023.10.14	2023.10.20	见图纸
出单人签字： 日期：___年___月___日				接单人签字： 日期：___年___月___日				

二、开口套产品与零件图

开口套产品与零件图如图2.2.1所示。

学习环节一 零件工艺分析

学习目标

（1）能够阅读企业生产任务单，明确工作任务，制订合理的工作进度计划。

（2）能够根据零件图和技术资料，进行开口套零件工艺分析。

（3）能够根据加工工艺、开口套零件材料和形状特征等选择刀具和刀具的几何参数，并确定数控车削加工合理的切削用量。

（4）能够合理制订开口套的加工方案，并填写数控加工工序卡。

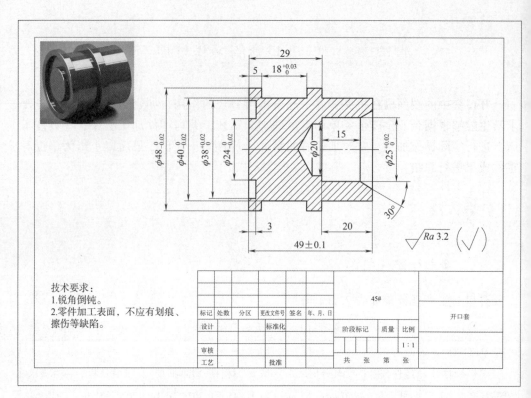

技术要求：
1.锐角倒钝。
2.零件加工表面，不应有划痕、擦伤等缺陷。

						45#			
标记	处数	分区	更改文件号	签名	年、月、日				开口套
设计			标准化			阶段标记	质量	比例	
审核								1：1	
工艺			批准			共　张　第　张			

图2.2.1　开口套产品与零件图

学习过程

一、 零件图工艺信息分析

1. 零件轮廓几何要素分析

该开口套的加工面由外圆面、外沟槽、端面槽、内孔等特征构成。其各几何元素之间关系明确，尺寸标准完整、正确，有统一的设计基准。该零件的结构工艺性好，零件一侧加工后便于调头装夹加工；其形状规则，可选用标准刀具进行加工。

2. 精度分析

（1）尺寸精度分析：该开口套加工要求保证 $\phi48_{-0.02}^{\ 0}$ mm 外圆面，$\phi38_{\ 0}^{+0.02}$ mm 与 $\phi24_{-0.02}^{\ 0}$ mm 端面槽槽壁，$\phi25_{\ 0}^{+0.02}$ mm 内孔、$\phi40_{-0.02}^{\ 0}$ mm 外沟槽槽底、长度 $\phi18_{\ 0}^{+0.03}$ mm 与总长（49±0.1）mm 尺寸要求，加工精度要求高。在加工外沟槽、端面槽时，由于刀具与工件的切削形式是线切削，易产生较大的切削力，同时，在加工时排屑比较困难，切槽车刀易产生振动和崩刃等现象，造成槽的表面粗糙度也不高，表面存在振痕。因此，选择结构合理的切槽车刀并制订合适的加工方案是槽加工的关键。这是本任务实施时需要重点考虑的问题。

（2）表面粗糙度分析：该开口套表面粗糙度要求全部为 Ra 3.2 μm。对于表面粗糙度的要求，主要通过选用合适的刀具及其几何参数，正确的粗、精加工路线，合理的切削用量及切削液等措施来保证。开口套的工艺信息分析卡片如表 2.2.2 所示。

表 2.2.2　开口套工艺信息分析卡片

分析内容	分析理由
形状及尺寸大小	该零件由外圆面、外沟槽、端面槽、内孔等特征组成。可选择现有的设备型号为 TK50、系统为 FANUC Series 0i - TF 的卧式数控车床，刀具选 5 把即可
结构工艺性	该零件的结构工艺性好，零件一侧加工后便于调头装夹加工。形状规则，可选用标准刀具进行加工
几何要素及尺寸标注	该零件轮廓几何要素定义完整，尺寸标注符合数控加工要求，有统一的设计基准，且便于加工、测量
精度及表面粗糙度	该零件外轮廓尺寸精度要求、表面质量要求较高
材料及热处理	该零件所用材料为 45 钢，经正火、调质、淬火后具有一定的强度、韧性和耐磨性，经正火后硬度为 170 ~ 230 HB，经调质后硬度为 220 ~ 250 HB，加工性能等级代号为 4，属较易切削金属。该零件对刀具材料无特殊要求，因此，选用硬质合金刀具或涂层材料刀具均可。在加工时不宜选择过大的切削用量，在切削过程中根据加工条件可加切削液
其他技术要求	该零件要求去除毛刺飞边，加工完可用锉、砂纸、刮刀等去除
定位基准及生产类型	该零件生产类型为成批生产，因此，要按成批生产类型制定工艺规程。定位基准可选在外圆表面

问题记录：_____

_____

二、刀具、工具及量具的选择

数控车床一般均使用机夹可转位车刀。本开口套加工选用株洲钻石系列刀具，刀片材料采用硬质合金。数控车床加工开口套刀具卡如表 2.2.3 所示，数控车床加工开口套工具及量具清单如表 2.2.4 所示。

表 2.2.3　数控车床加工开口套刀具卡

工步号	刀具号	刀具名称	刀具参数				刀片材料	偏置号	刀杆型号
			刀尖半径/mm	刀尖方位		刀片型号			
1	T01	外圆粗车刀	0.8	3		CNMG120408 - DR	硬质合金	1	DCLNR/L2525M09
2	T02	外圆精车刀	0.4	3		VNMG160404 - DF	硬质合金	2	DVJNR/L2525M16
3	T03	内孔车刀	0.8	2		CNMG090308 - DF	硬质合金	3	S16Q - PCLNR/L09
4	T04	切槽车刀	0.4	8		ZTFD0303 - MG	硬质合金	3	DEFD2525R17
5	T05	端面槽刀	0.3	7		ZTFD0303 - MG	硬质合金	4	QFFD2020R/L7 - 100L
6		中心钻					硬质合金		ϕ6 mm B 型
7		麻花钻					硬质合金		1534SU03 - 2000

表2.2.4　数控车床加工开口套工量具及量具清单

分类	名称	尺寸规格	数量	备注
量具	数显游标卡尺	0～150 mm	1 把	
	外径千分尺	25～50 mm	1 把	
	内径千分尺	25～50 mm	1 把	
工具	铜棒、铜皮		自定	铜皮宽度为 25 mm
	活动扳手	300 mm×24 mm	自定	
	护目镜等安全装备		1 套	

注：（1）如何正确选择切槽加工数控刀具。

①根据工序类型和使用的刀具系统确定工序，如切断加工、内外圆切槽加工、端面槽加工等。②确定加工刀具的刀片材料、断屑槽类型和牌号。③选择刀具的刀柄尺寸和夹紧方式。④选择最佳的切削用量，以保证合理的刀具寿命。

（2）常见槽类结构示意图如图2.2.2所示。

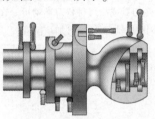

图2.2.2　常见槽类结构示意图

（3）一般槽类加工工序如表2.2.5所示。

表2.2.5　一般槽类加工工序

切断加工	外圆车削加工	内孔加工	退刀槽加工	仿形切削加工	浅槽加工	端面槽加工

三、 确定零件定位基准和装夹方式

采用三爪自定心卡盘装夹。

四、 确定对刀点及对刀

将工件右端面中心点设为工件坐标系的原点。

五、制订加工方案

工序一简图如图 2.2.3 所示。

（1）三爪自定心卡盘夹持零件的毛坯外圆，伸出长度为 35 mm 左右。

（2）手动加工端面、钻中心孔，并用麻花钻钻底孔 $\phi 20$ mm，如图 2.2.3（a）所示。

（3）粗、精加工 $\phi 48_{-0.02}^{0}$ mm 外圆面长度至 30 mm，$\phi 40_{-0.02}^{0}$ mm 外圆面长度至 20 mm，如图 2.2.3（b）所示。

（4）粗、精加工 $\phi 25_{0}^{+0.02}$ mm，锥角为 30°的内锥面，如图 2.2.3（c）所示。

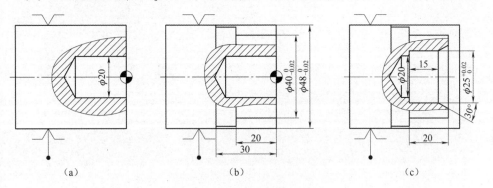

图 2.2.3　工序一简图

（a）钻底孔 $\phi 20$ mm；

（b）粗、精加工 $\phi 48_{-0.02}^{0}$ mm 外圆面长度至 30 mm，$\phi 40_{-0.02}^{0}$ mm 外圆面长度至 20 mm；

（c）粗、精加工 $\phi 25_{0}^{+0.02}$ mm，锥角为 30°的内锥面

工序二简图如图 2.2.4 所示。

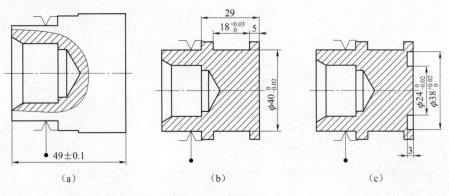

图 2.2.4　工序二简图

（a）车削端面保证总长为（49±0.1）mm；

（b）粗、精加工宽度为 $18_{0}^{+0.03}$ mm，底径为 $\phi 40_{-0.02}^{0}$ mm 的外沟槽；

（c）粗、精加工端面槽

（5）调头装夹 $\phi 48_{-0.02}^{0}$ mm 外圆，台阶面限位。

注：装夹时垫入铜片，以免夹伤已加工部分。

（6）车削端面保证总长为（49±0.1）mm，如图2.2.4（a）所示。

（7）粗、精加工 $\phi 48_{-0.02}^{0}$ mm 外圆面长度至29 mm。

（8）粗、精加工宽度为 $18_{0}^{+0.03}$ mm，底径为 $\phi 40_{-0.02}^{0}$ mm 外沟槽，如图2.2.4（b）所示。

（9）粗、精加工端面槽，如图2.2.4（c）所示。

七、 填写数控加工工序卡

开口套数控加工工序卡如表2.2.6所示。

表 2.2.6　开口套数控加工工序卡

单位名称		零件名称		设备			车间		姓名
		夹具名称		材料牌号	45 钢	毛坯规格 φ50 mm×55 mm		学号	成绩

工步号	工步内容	程序号	刀具号	量具选用 名称	量具选用 量程	主轴转速/(r·min⁻¹)	进给量/(mm·r⁻¹)	背吃刀量/mm	备注
1	装夹毛坯								将工件用三爪自定心卡盘夹紧，伸出长度约为 35 mm
2	手动加工右端面	O00001	T01		工序一	800	0.2	1.0	
3	打中心孔		中心钻			600			
4	麻花钻钻孔		麻花钻			300			
5	粗加工 $\phi48_{-0.02}^{0}$ mm、$\phi40_{-0.02}^{0}$ mm 外圆面		T01	外径千分尺	25~50	800	0.2	1.5	机床自动加工，去除大部分外圆面余量，满足精加工余量均匀。手动测量剩余余量
6	精加工 $\phi48_{-0.02}^{0}$ mm、$\phi40_{-0.02}^{0}$ mm 外圆面		T02	外径千分尺	25~50	1 000	0.1	0.3	损，机床自动运行去除剩余余量后，再次测量，达到图纸要求
7	粗加工 $\phi25_{0}^{+0.02}$ mm，锥角为 30°的内锥面		T03	内径千分尺	25~50	800	0.2	1.5	机床自动加工，去除大部分内锥面余量，满足精加工余量均匀。手动测量剩余余量
8	精加工 $\phi25_{0}^{+0.02}$ mm，锥角为 30°的内锥面		T03	内径千分尺	25~50	1 000	0.1	0.3	损，机床自动运行去除剩余余量后，再次测量，达到图纸要求

续表

工步号	工步内容	程序号	刀具号	量具选用		切削用量			备注
				名称	量程	主轴转速/(r·min⁻¹)	进给量/(mm·r⁻¹)	背吃刀量/mm	
						工序二			
9	调头装夹								将工件用三爪自定心卡盘夹紧，台阶面限位
10	车削端面保证总长为（49±0.1）mm	00002	T01	数显游标卡尺	0~150	1 000	0.1	1.0	
11	粗加工 $\phi48^{0}_{-0.02}$ mm 外圆面		T01	外径千分尺	25~50	800	0.2	1.5	机床自动加工，去除大部分外圆面余量，满足精加工剩余余量均匀。手动测量剩余余量
12	精加工 $\phi48^{0}_{-0.02}$ mm 外圆面		T02	外径千分尺	25~50	1 000	0.1	0.3	手动测量剩余余量，修改磨损，机床自动运行去除剩余余量后，再次测量，达到图纸要求
13	粗加工工宽度为 $18^{+0.03}_{0}$ mm，底径为 $\phi40^{0}_{-0.02}$ mm 的外沟槽		T04	外径千分尺 / 游标卡尺	25~50 / 0~150	600	0.2	2.5	机床自动加工，去除大部分外沟槽余量，满足精加工剩余余量均匀。手动测量剩余余量
14	精加工工宽度为 $18^{+0.03}_{0}$ mm，底径为 $\phi40^{0}_{-0.02}$ mm 的外沟槽		T04	外径千分尺 / 数显游标卡尺	75~100 / 0~150	800	0.1	0.3	手动测量剩余余量，修改磨损，机床自动运行去除剩余余量后，再次测量，达到图纸要求
15	粗加工工端面槽		T05	数显游标卡尺	0~150	600	0.8	2.5	机床自动加工，去除大部分端面槽余量，满足精加工剩余余量均匀。手动测量剩余余量
16	精加工端面槽		T05	数显游标卡尺	0~150	800	3.0	0.3	手动测量剩余余量，修改磨损，机床自动运行去除剩余余量后，再次测量，达到图纸要求

问题记录：_____

_____

_____

学习环节二　数控车削加工程序的编制

学习目标

（1）能够根据直线、复合螺纹循环指令，写出 G00、G01、G71、G70、G90、G74、G75 指令的格式及各参数的含义。

（2）能够正确选用数控车削加工指令，完成开口套数控车削加工程序的编制。

学习过程

1. 数学处理

30°锥面大径 X 轴编程点坐标的确定有如下两种方法。

（1）结合二维 CAD 软件辅助查找 30°锥面经 X 轴编程点坐标。

（2）利用三角函数知识求解，如图 2.2.5 所示。

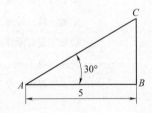

图 2.2.5　锥面大径三角函数计算

$$BC = AB \tan 30° = 5 \times \frac{\sqrt{3}}{3} = 2.886$$

因此，30°锥面大径 X 轴编程点坐标：$25 + 2BC = 30.77$。

2. 编程指令的选用

槽宽大于 2 倍刀宽的槽一般称为宽槽。本任务从加工工艺分析，不论端面槽还是外沟槽均不能一次切削，都需采用分级进刀的方式。在加工时如果采用 G01 指令，会造成程序冗长。FANUC 系统数控车床，提供 G74 端面断续加工循环指令来加工端面槽，G75 内外圆断续加工循环指令来加工外沟槽。G74、G75 指令的特点是可以设置纵向和横向的进刀量，以及具有间歇性进退刀的断续功能。但也由于断续切削，加工槽的表面粗糙度高，要减小槽的表面粗糙度，G74、G75 指令只能作为粗加工指令，而精加工仍用 G01 指令连续切削完成。

3. 数控车削加工程序的编制

开口套数控车削加工程序参考如表 2.2.7 所示。

表 2.2.7　开口套数控车削加工程序参考

程序段号	加工程序	程序说明
	O0001；	
	G99 G40 G21 G18；	程序初始化
	T0101；	换 1 号刀具，取 1 号刀具补偿值
	M03 S800 M08；	主轴正转，转速为 800 r/min，打开 1 号切削液
	G00 X52 Z3；	快速定位至外径粗加工循环指令起点
	G71 U1.5 R1；	外径粗加工复合循环指令
	G71 P10 Q20 U0.3 W0.1 F0.2；	精加工路径从 N10 段起始，至 N20 段结束
N10	G00 X18；	精加工路径起始行
	G01 Z0 F0.1；	直线走刀至 Z0 位置
	X40；	
	Z−20；	
	X48；	精加工 $\phi48_{-0.02}^{\ 0}$ mm、$\phi40_{-0.02}^{\ 0}$ mm 外圆面
	Z−28；	
N20	X52；	精加工路径结束行
	G00 X100 Z100；	快速远离工件
	T0202；	换 2 号刀具，取 2 号刀具补偿值
	M03 S1000；	主轴正转，转速为 1 000 r/min
	G70 P10 Q20；	精加工复合循环指令
	G00 X100 Z100；	快速远离工件
	T0303；	换 3 号刀具，取 3 号刀具补偿值
	G00 X18 Z3；	快速定位至内径粗加工循环指令起点位置
	G71 U1.5 R1；	外径粗加工复合循环指令
	G71 P30 Q40 U−0.3 W0.1 F0.2；	精加工路径从 N30 段起始，至 N40 结束[①]
N30	G00 X18；	快速定位至 X18 位置
	G01 Z0 F0.1；	精加工路径起始行
	X30.77；	
	X25 W−5；	精加工 $\phi25_{0}^{+0.02}$ mm，锥角为 30°的内锥面
	Z−20；	
N40	X20；	精加工路径结束行
	Z5；	远离工件
	M03 S1000；	主轴正转，转速为 1 000 r/min
	G70 P30 Q40；	精加工复合循环指令
	G00 X100 Z100；	快速远离工件
	M05；	主轴停转

续表

程序段号	加工程序	程序说明
	M30;	程序结束并返回程序起点
	调头装夹，$\phi40_{-0.02}^{0}$ mm 台阶面限位。装夹时垫入铜片，以免夹伤已加工部分，车削端面保证总长为（49±0.1）mm	
	O0002;	
	G99 G40 G21 G18;	程序初始化
	T0101;	换 1 号刀具，取 1 号刀具补偿值
	M03 S1000 M08;	主轴正转，转速为 1 000 r/min，打开 1 号切削液
	G00 X52 Z3;	快速定位至外圆切削单循环指令起点
	G90 X48.5 Z−23 F0.2;	内外圆切削单循环指令粗加工 $\phi48_{-0.02}^{0}$ mm 外圆面
	X48 F0.1;	精加工 $\phi48_{-0.02}^{0}$ mm 外圆面
	G00 X100 Z100;	快速远离工件
	T0404;	换 4 号刀具，取 4 号刀具补偿值
	G00 X50 Z−8.3;	快速定位至外圆断续加工循环指令起点
	G75 R1;	加工外沟槽复合循环指令
	G75 X40.3 Z−22.7 P2500 Q2500 F0.2;	粗加工宽度为 $18_{0}^{+0.03}$ mm，底径为 $\phi40_{-0.02}^{0}$ mm 的外沟槽
	G01 X50 Z−8 F0.1;	
	X40;	精加工宽度为 $18_{0}^{+0.03}$ mm，底径为 $\phi40_{-0.02}^{0}$ mm 的外沟槽
	Z−23;	
	X50;	
	G00 X100 Z100;	快速远离工件
	T0505;	换 5 号刀具，取 5 号刀具补偿值
	G00 X37.7 Z3;	快速定位至端面断续加工循环指令起点
	G74 R1;	端面复合切削循环指令
	G74 X27.3 Z−2.7 P2500 Q2500 F0.2;	粗加工端面槽
	G01X38Z3F0.1;	
	Z−3;	精加工端面槽
	X27;	
	Z3;	
	G00 X100 Z100;	快速远离工件
	M05;	主轴停转
	M30;	程序结束并返回程序起点
	①精加工 X 轴方向余量取负值。	

学习环节三 零件数控车削加工

学习目标

（1）能够按照企业对生产车间环境、安全、卫生、生产和事故的预防等标准，正确穿戴劳动防护用品，并严格执行生产安全操作规程。

（2）能够根据零件图，确定符合加工要求的工具、量具、夹具及辅具。

（3）能够正确装夹工件，并对其进行找正。

（4）能够正确规范地装夹数控车刀，并正确对刀，建立工件坐标系。

（5）能够正确进行程序编辑、输入、模拟、调试、优化等操作。

（6）能够规范使用量具，并在加工过程中适时检测，保证工件加工精度。

（7）能够独立解决在加工中出现的程序报警及机床简单故障。

（8）能够按车间现场 6S 管理和产品工艺流程的要求，正确规范地保养机床，并填写设备日常维护保养记录表（见附表 2）。

学习过程

一、加工准备

1. 着装自检

根据生产车间着装管理规定，进行着装自检，并填写着装自检表。着装自检表如表 2.2.8 所示。

表 2.2.8 着装自检表

序号	着装要求	自检结果
1	穿好工作服，做到三紧（下摆、领口、袖口）	
2	穿好劳保鞋	
3	戴好防护镜	
4	工作服外不得显露个人物品（挂牌、项链等）	
5	不可佩戴挂牌等物件	
6	若留长发，则需束起，并戴工作帽	

2. 机床准备

机床准备卡片如表 2.2.9 所示。

表 2.2.9　机床准备卡片

检查项目	机械部分				电器部分		数控系统部分			辅助部分	
	主轴	进给	刀架	润滑	电源	散热	电气	控制	驱动	冷却	润滑
检查情况											
注：经检查后该部分完好，在相应项目下打"√"；若出现问题，则应及时报修。											

3. 领取工具、量具及刀具

工具、量具及刀具表如表 2.2.10 所示。

表 2.2.10　工具、量具及刀具表

序号	名称	图片	数量	备注
1	刀尖角 80°外圆车刀		1 把	
2	刀尖角 35°外圆车刀		1 把	
3	内孔车刀		1 把	
4	3 mm 切槽车刀		1 把	
5	3 mm 端面槽刀		1 把	
6	0 ~ 150 mm 数显游标卡尺		1 把	
7	25 ~ 50 mm 外径千分尺		1 把	

序号	名称	图片	数量	备注
8	25 ~ 50 mm 内径千分尺		1 把	
9	铜皮、铜棒		各 1 个	
10	刀架扳手、卡盘扳手		各 1 个	

4. 正确选择切削液

本任务选择 3% ~ 5% 的乳化液作为切削液。

5. 领取毛坯

领取毛坯，测量并记录所领毛坯的实际外形尺寸，判断毛坯是否有足够的加工余量，以及其外形是否满足加工条件。

二、零件数控车削加工

1. 开机准备

正确开机，回参考点，建立机床坐标系，使机床对其后的操作有一个基准位置。

2. 安装毛坯和刀具

夹住毛坯外圆，伸出长度为 35 mm 左右，调头装夹 $\phi 48_{-0.02}^{0}$ mm 外圆，在加工左端轮廓时需垫入铜皮，且在夹紧工件时不能使工件变形。

依次将刀尖角 80° 外圆车刀、刀尖角 35° 外圆车刀、内孔车刀、3 mm 切槽车刀和 3 mm 端面槽刀装夹在 T01、T02、T03、T04、T05 号刀位中，使刀具刀尖与工件回转中心等高。手动钻中心孔、钻孔，将中心钻和麻花钻分别装入尾座套筒，依次钻中心孔和钻孔。

注：刀具安装时注意事项如下。

（1）端面槽刀伸出长度尽可能短，以增加刀具刚性，且主切削刃应与工件端面平行。

（2）在安装切槽车刀时，应保证主切削刃与机床轴线平行。

3. 对刀操作

均按前面任务采用试切法对刀，端面槽刀对刀方法与切槽车刀相同，这里不再赘述。

4. 输入程序并检验

将程序输入数控系统，分别调出两个程序，进行程序校验。在程序校验时，通

常按下图形显示 ▨、"机床锁" ▣ 功能按键校验程序，观察刀具轨迹。也可以采用数控仿真软件进行仿真验证。

5. 零件加工

（1）加工零件右端轮廓。

①调出程序 O0001，检查工件、刀具是否按要求夹紧，刀具是否已对刀。

②按下"自动方式"功能按键，进入 AUTO 自动加工方式，调小进给倍率，按下"单段"功能按键，设置单段运行，按下"循环启动"功能按键进行零件加工，在每段程序运行结束后继续按下"循环启动"功能按键，即可一步一步执行程序加工零件。在加工中观察切削情况，逐步将进给倍率调至适当大小。

③当程序运行到粗加工结束段，粗加工完毕后停机，适时测量外圆直径、内孔直径，根据尺寸误差，调整刀具补正参数，保证零件尺寸精度。

④继续按下"循环启动"功能按键，运行外轮廓精加工程序，保证尺寸精度。

（2）加工零件左端轮廓。

调头装夹 $\phi48_{-0.02}^{0}$ mm 外圆，手动加工保证总长为（49±0.1）mm，调出程序 O0002。在 AUTO 自动加工方式下，按下"循环启动"功能按键进行自动加工。在加工过程中为避免三爪自定心卡盘破坏已加工表面，可垫一圈铜皮作为防护。

三、 保养机床、 清理场地

在加工完毕后，按照零件图要求进行自检，正确放置零件，并进行产品交接确认；按照国家环保相关规定和车间现场 6S 管理要求整理现场、清扫切屑、保养机床，并正确处置废油液等废弃物；按照车间规定填写交接班记录（见附表1）和设备日常维护保养记录表（见附表2）。

学习环节四　零件检测与评价

学习目标

（1）在教师的指导下，能够使用游标卡尺、外径千分尺等量具对零件进行检测。

（2）能够分析零件超差原因，并提出修改意见。

（3）能够根据实训室管理要求，合理保养、维护、放置工具及量具。

（4）能够填写零件质量检测结果报告单。

学习过程

一、 明确测量要素， 选取检测量具

数显游标卡尺（见图2.2.6）、外径千分尺、内径千分尺（见图2.2.7）。

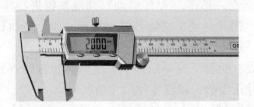

图2.2.6　数显游标卡尺　　　　　　　图2.2.7　内径千分尺

二、 检测零件， 并填写零件质量检测结果报告单

零件质量检测结果报告单如表2.2.11所示。

表2.2.11　零件质量检测结果报告单

单位名称				班级学号		姓名	成绩
零件图号				零件名称			
项目	序号	考核内容		配分	评分标准	检测结果	得分
						学生　　教师	
圆柱面	1	$\phi48_{-0.02}^{0}$	IT	6	超差0.01扣2分		
			Ra	4	降一级扣2分		
	2	$\phi40_{-0.02}^{0}$	IT	6	超差0.01扣2分		
			Ra	4	降一级扣2分		
	3	$\phi25_{0}^{+0.02}$	IT	6	超差0.01扣2分		
			Ra	4	降一级扣2分		
端面槽	4	$\phi38_{0}^{+0.02}$	IT	6	超差0.01扣2分		
			Ra	4	降一级扣2分		
	5	$\phi24_{-0.02}^{0}$	IT	6	超差0.01扣2分		
			Ra	4	降一级扣2分		
外沟槽	6	$\phi40_{-0.02}^{0}$	IT	6	超差0.01扣2分		
			Ra	4	降一级扣2分		

项目	序号	考核内容		配分	评分标准	检测结果		得分
						学生	教师	
长度	7	$18^{+0.03}_{0}$	IT	10	超差0.01扣2分			
	8	49 ± 0.1	IT	5	超差0.01扣2分			
	9	3	IT	5	超差0.01扣2分			
	10	20	IT	5	超差0.01扣2分			
	11	15	IT	5	超差0.01扣2分			
	12	5	IT	5	超差0.01扣2分			
	13	29	IT	5	超差0.01扣2分			
检测结论								
产生不合格品原因								

三、 小组检查及评价

小组评价表如表2.2.12所示。

表2.2.12 小组评价表

单位名称		零件名称	零件图号	小组编号
班级学号	姓名	表现	零件质量	排名

小组点评：_____

_____

四、 质量分析

数控车床在加工开口套过程中常见问题的产生原因及其预防和消除方法如表 2.2.13 所示。

表 2.2.13　数控车床在加工开口套过程中常见问题的产生原因及其预防和消除方法

常见问题	产生原因	预防和消除方法
槽的一侧或两侧出现小台阶	(1) 刀具数据不准确。 (2) 程序错误	(1) 调整或重新设定刀具数据。 (2) 检查、修改程序
槽底出现倾斜	刀具安装不正确	正确安装刀具
槽的侧面呈现凹凸面	(1) 刀具刃磨角度不对称。 (2) 刀具安装角度不对称。 (3) 刀具两刀尖磨损不对称	(1) 重新刃磨刀具。 (2) 正确安装刀具。 (3) 更换刀片
槽的两侧面倾斜	刀具磨损	重新刃磨或更换刀片

五、 教师填写考核结果报告单

考核结果报告单（教师填写）如表 2.2.14 所示。

表 2.2.14　考核结果报告单（教师填写）

单位名称		班级学号			姓名		成绩	
		零件图号			零件名称		开口套	
序号	项目	考核内容			配分		得分	项目成绩
1	零件质量 (30分)	圆柱面			10			
		长度			5			
		端面槽			10			
		外沟槽			5			
2	工艺方案 制订 (30分)	零件图工艺信息分析			6			
		刀具、工具及量具的选择			6			
		确定零件定位基准和装夹方式			3			
		确定对刀点及对刀			3			
		制订加工方案			3			
		确定切削用量			4.5			
		填写数控加工工序卡			4.5			

续表

序号	项目	考核内容	配分	得分	项目成绩
3	编程加工 （20分）	数控车削加工程序的编制	8		
		零件数控车削加工	12		
4	刀具、夹具 及量具的 使用（5分）	量具的使用	2		
		刀具的安装	2		
		工件的安装	1		
5	安全文明 生产 （10分）	按要求着装	2		
		操作规范，无操作失误	5		
		保养机床、清理场地	3		
6	团队协作 （5分）	能与小组成员和谐相处，互相学习、互相帮助、不一意孤行	5		

六、 个人工作总结

在教师指导下分析零件加工质量，分析自己加工零件的超差形式及形成原因，填写个人工作总结报告（见表2.2.15）。

表2.2.15　个人工作总结报告

单位名称			零件名称		零件图号	
班级学号			姓名		成绩	

任务三　　螺纹端盖的编程与加工

　　螺纹端盖是一种紧固件，可以与螺栓或螺钉配合使用，起到紧固作用，使机械设备或构件之间的连接更加牢固。此外，螺纹端盖的盖子部分可以覆盖在螺纹上方，起到保护和美观的作用，可防止灰尘、水分等杂质进入螺栓或螺钉，从而延长其使用寿命。本任务要求学生能够根据企业生产任务单制定零件加工工艺，编写零件加工程序，在数控车床上进行实际加工操作，并对加工后的零件进行检测、评价，最后以小组为单位对零件成果进行总结。

任务导入

一、企业生产任务单

螺纹端盖生产任务单如表2.3.1所示。

表2.3.1　螺纹端盖生产任务单

单位名称								
产品清单	序号	零件名称	毛坯外形尺寸	数量	材料	出单日期	交货日期	技术要求
	1	螺纹端盖	管料 $\phi70$ mm × 32 mm × 20 mm	30 个	45 钢	2023. 11. 14	2023. 11. 20	见图纸
出单人签字：　　　　　　日期：＿＿年＿＿月＿＿日				接单人签字：　　　　　　日期：＿＿年＿＿月＿＿日				

二、螺纹端盖产品与零件图

螺纹端盖产品与零件图如图2.3.1所示。

学习环节一　零件工艺分析

学习目标

（1）能够阅读企业生产任务单，明确工作任务，制订合理的工作进度计划。

（2）能够根据零件图和技术资料，进行螺纹端盖零件工艺分析。

（3）能够根据加工工艺、螺纹端盖零件材料和形状特征等选择刀具和刀具的几何参数，并确定数控车削加工合理的切削用量。

（4）能够合理制订螺纹端盖的加工方案，并填写数控加工工序卡。

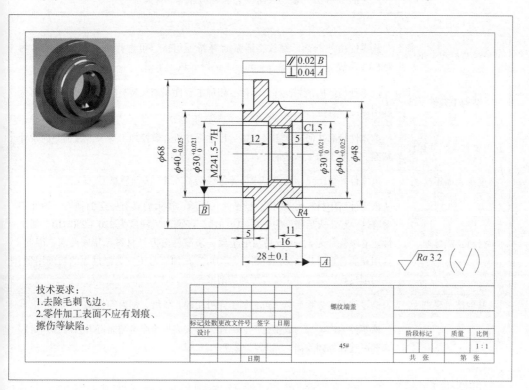

技术要求：
1.去除毛刺飞边。
2.零件加工表面不应有划痕、擦伤等缺陷。

				螺纹端盖			
标记处数	更改文件号	签字	日期				
设计					阶段标记	质量	比例
				45#			1：1
		日期			共 张	第 张	

图 2.3.1　螺纹端盖产品与零件图

学习过程

一、 零件图工艺信息分析

1. 零件轮廓几何要素分析

该螺纹端盖的加工面由外圆面、螺纹、圆弧面等特征构成。其各几何元素之间关系明确，尺寸标准完整、正确，有统一的设计基准。该零件的结构工艺性好，零件一侧加工后便于调头装夹加工；其形状规则，可选用标准刀具进行加工。

2. 精度分析

（1）尺寸精度分析：该螺纹端盖 $\phi40_{-0.025}^{\ 0}$ mm 外圆面、$\phi30_{\ 0}^{+0.021}$ mm 内孔的尺寸公差等级为 IT7，加工精度要求较高，同时有 $R4$ 圆弧面和 $M24 \times 1.5 - 7H$ 内螺纹。对于尺寸精度的要求，主要通过在加工过程中采用适当的走刀路线、选用合适的刀具、正确设置刀具补偿值及摩耗，以及正确制定合适的加工工艺等措施来保证。

（2）表面粗糙度分析：该螺纹端盖表面粗糙度要求全部为 $Ra\ 3.2\ \mu m$。对于表面粗糙度的要求，主要通过选用合适的刀具及其几何参数，正确的粗、精加工路线，合理的切削用量及切削液等措施来保证。螺纹端盖工艺信息分析卡片如表 2.3.2 所示。

表 2.3.2　螺纹端盖工艺信息分析卡片

分析内容	分析理由
形状及尺寸大小	该零件由外圆面、螺纹、圆弧面等特征组成。可选择现有的设备型号为 TK50、系统为 FANUC Series 0i – TF 的卧式数控车床，刀具选 5 把即可
结构工艺性	该零件的结构工艺性好，零件一侧加工后便于调头装夹加工。形状规则，可选用标准刀具进行加工
几何要素及尺寸标注	该零件轮廓几何要素定义完整，尺寸标注符合数控加工要求，有统一的设计基准，且便于加工、测量
精度及表面粗糙度	该零件外轮廓尺寸精度要求公差等级为 IT7 级。表面质量要求较高
材料及热处理	该零件所用材料为 45 钢，经正火、调质、淬火后具有一定的强度、韧性和耐磨性，经正火后硬度为 170~230 HB，经调质后硬度为 220~250 HB，加工性能等级代号为 4，属较易切削金属。该零件对刀具材料无特殊要求，因此，选用硬质合金刀具或涂层材料刀具均可，在加工时不宜选择过大的切削用量，在切削过程中根据加工条件可加切削液
其他技术要求	该零件要求去除毛刺飞边，加工完可用锉、砂纸、刮刀等去除
定位基准及生产类型	该零件生产类型为成批生产，因此，要按成批生产类型制定工艺规程。定位基准可选在外圆表面

问题记录：＿＿＿＿＿＿＿＿＿＿＿＿＿＿＿＿＿＿＿＿＿＿＿＿＿＿＿＿＿
＿＿＿＿＿＿＿＿＿＿＿＿＿＿＿＿＿＿＿＿＿＿＿＿＿＿＿＿＿＿＿＿＿＿＿＿＿
＿＿＿＿＿＿＿＿＿＿＿＿＿＿＿＿＿＿＿＿＿＿＿＿＿＿＿＿＿＿＿＿＿＿＿＿＿

二、 刀具、 工具及量具的选择

数控车床一般均使用机夹可转位车刀。本螺纹端盖加工选用株洲钻石系列刀具，刀片材料采用硬质合金。数控车床加工螺纹端盖刀具卡如表 2.3.3 所示，数控车床加工螺纹端盖工具及量具清单如表 2.3.4 所示。

表 2.3.3　数控车床加工螺纹端盖刀具卡

工步号	刀具号	刀具名称	刀具参数			刀片材料	偏置号	刀杆型号
			刀尖半径/mm	刀尖方位	刀片型号			
1	T01	外圆粗车刀	0.8	3	CNMG120408 – DR	硬质合金	1	DCLNR/L2525M09
2	T02	外圆精车刀	0.4	3	VNMG160404 – DF	硬质合金	2	DVJNR/L2525M16
3	T03	内孔车刀	0.8	2	ZQMX5N11 – IE	硬质合金	3	S20R – PCLNR09
4	T04	内孔车刀	0.4	2	ZQMX5N11 – IE	硬质合金	3	S20R – PCLNR09
5	T05	内螺纹车刀	0.1	8	Z11IR1.5WPP	硬质合金	4	ZSIR0016K11

表2.3.4　数控车床加工螺纹端盖工具及量具清单

分类	名称	尺寸规格	数量	备注
量具	游标卡尺	0 ~ 150 mm	1 把	
	外径千分尺	25 ~ 50 mm	各1 把	
		50 ~ 75 mm		
	螺纹塞规	M24 × 1.5 – T/Z	1 套	
	内径千分尺	25 ~ 50 mm	1 把	
工具	铜棒、铜皮		自定	铜皮宽度为 25 mm
	活动扳手	300 mm × 24 mm	自定	
	护目镜等安全装备		1 套	

三、 确定零件定位基准和装夹方式

由于本任务的工件是一根管类料，管的长度不是太长，因此，采用三爪自定心卡盘装夹。

四、 确定对刀点及对刀

将工件右端面中心点设为工件坐标系的原点。

五、 制订加工方案

工序一简图如图 2.3.2 所示。

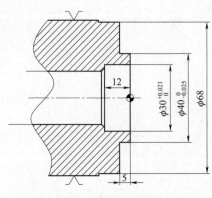

图 2.3.2　工序一简图

（1）三爪自定心卡盘夹持零件的毛坯外圆，伸出长度为 18 mm 左右。

（2）粗加工 $\phi 40_{-0.025}^{0}$ mm、$\phi 68$ mm 外圆面。

（3）精加工 $\phi 40_{-0.025}^{0}$ mm、$\phi 68$ mm 外圆面。

（4）粗加工 $\phi 30_{0}^{+0.021}$ mm 内孔、M24 × 1.5 –7H 内螺纹小径。

（5）精加工 $\phi 30_{0}^{+0.021}$ mm 内孔、M24 × 1.5 –7H 内螺纹小径。

工序二简图如图 2.3.3 所示。

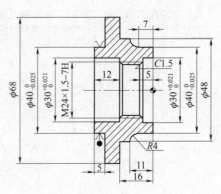

图 2.3.3　工序二简图

（6）调头装夹 $\phi40_{-0.025}^{0}$ mm 外圆，伸出长度为 27 mm。

注：装夹时垫入铜片，以免夹伤已加工部分。

（7）车削端面保证总长为（28 ± 0.1）mm。

（8）粗加工 $\phi40_{-0.025}^{0}$ mm 外圆面、$R4$ 圆弧面、$\phi48$ mm 外圆面。

（9）精加工 $\phi40_{-0.025}^{0}$ mm 外圆面、$R4$ 圆弧面、$\phi48$ mm 外圆面。

（10）粗加工 $\phi30_{0}^{+0.021}$ mm 内孔与 $C1.5$ 倒角。

（11）精加工 $\phi30_{0}^{+0.021}$ mm 内孔与 $C1.5$ 倒角。

（12）车削 M24 × 1.5 – 7H 内螺纹。

七、填写数控加工工序卡

螺纹端盖数控加工工序卡如表 2.3.5 所示。

表2.3.5 螺纹端盖数控加工工序卡

单位名称			设备		毛坯规格		车间
零件名称			材料牌号	45 钢	$\phi70$ mm ×32 mm ×20 mm		姓名
夹具名称			量具选用		切削用量		成绩
程序号	刀具号		名称	量程	主轴转速/ (r·min⁻¹)	进给量/ (mm·r⁻¹)	背吃刀量/ mm

工步号	工步内容	程序号	刀具号	名称	量程	主轴转速/ (r·min⁻¹)	进给量/ (mm·r⁻¹)	背吃刀量/ mm	备注
1	装夹毛坯	O0001							将工件用三爪自定心卡盘夹紧，伸出长度约为 18 mm
2	加工右端面		T01			1 000	0.25	1.0	
3	粗加工 $\phi40_{-0.025}^{0}$ mm 及 $\phi68$ mm 外圆面		T01	外径千分尺	25～50 mm 50～75 mm	1 000	0.25	1.5	机床自动加工，去除大部分外圆面余量，满足精加工余量均匀。手动测量剩余余量
4	精加工 $\phi40_{-0.025}^{0}$ mm 及 $\phi68$ mm 外圆面		T02	外径千分尺	25～50 mm 50～75 mm	1 000	0.15	0.3	手动测量剩余余量后，机床自动运行去除剩余余量，达到图纸量后，再次测量，达到图纸要求
5	粗加工 $\phi30_{0}^{+0.021}$ mm 内孔、M24×1.5－7H 内螺纹小径		T03	内径千分尺	25～50 mm	1 000	0.25	1.0	机床自动加工，去除大部分内孔余量，满足精加工余量均匀。手动测量剩余余量
6	精加工 $\phi30_{0}^{+0.021}$ mm 内孔、M24×1.5－7H 内螺纹小径		T04	内径千分尺	25～50 mm	1 300	0.15	0.3	手动测量剩余余量后，机床自动运行去除剩余余量，达到图纸量后，再次测量，达到图纸要求

工序一

续表

工步号	工步内容	程序号	刀具号	量具选用 名称	量具选用 量程	主轴转速/(r·min⁻¹)	进给量/(mm·r⁻¹)	背吃刀量/mm	备注
7	调头装夹				工序二				将工件用三爪自定心卡盘夹紧，伸出长度约为27 mm
8	粗加工 $\phi40_{-0.025}^{0}$ mm 外圆面、R4 圆弧面、$\phi48$ mm 外圆面		T01	外径千分尺	25~50 mm / 50~75 mm	1 000	0.25	1.5	机床自动加工，去除大部分表面余量，满足精加工余量均匀。手动测量剩余余量
9	精加工 $\phi40_{-0.025}^{0}$ mm 外圆面、R4 圆弧面、$\phi48$ mm 外圆面	00002	T02	外径千分尺	25~50 mm / 50~75 mm	1 500	0.15	0.3	手动测量剩余余量，修改磨损，机床自动运行去除剩余余量后，再次测量，达到图纸要求
10	粗加工 $\phi30_{0}^{+0.021}$ mm 内孔与 C1.5 倒角		T03	内径千分尺	25~50 mm	1 000	0.25	1.5	机床自动加工，去除大部分内孔余量，并满足槽底精度
11	精加工 $\phi30_{0}^{+0.021}$ mm 与 C1.5 倒角		T04	内径千分尺	25~50 mm	1 300	0.15	0.3	手动测量剩余余量，修改磨损，机床自动运行去除剩余余量后，再次测量，达到图纸要求
12	车削 M24×1.5-7H 内螺纹		T05	螺纹塞规	M24×1.5-7/Z	700	1.50	0.1	

同题记录：

学习环节二　数控车削加工程序的编制

学习目标

（1）能够根据零件图基点坐标，写出绝对坐标、相对坐标的数值。

（2）能够根据直线和简单循环指令，写出 G00、G01、G02、G03、G71、G72、G70 指令的格式及各参数的含义。

（3）能够正确选用数控车削加工指令，完成螺纹端盖数控车削加工程序的编制。

学习过程

1. 数学处理

M24×1.5－7H 内螺纹小径的计算式为：

$$d_1 = d - 螺距 \times 1.107 = (24 - 1.5 \times 1.107)\,mm = 22.339\,mm$$

由于螺纹车刀为成形车刀，刀具强度较差，且切削进给量较大，在切削过程中刀具所受切削力也很大，所以一般要求分数次进给加工，并按递减趋势选择相对合理的背吃刀量。

2. 数控车削加工程序的编制

螺纹端盖数控车削加工程序参考如表 2.3.6 所示。

表 2.3.6　螺纹端盖数控车削加工程序参考

程序段号	加工程序	程序说明
	O0001；	加工右端
	G99 G40 G21 G18；	程序初始化
	T0101；	换 1 号刀具，取 1 号刀具补偿值
	M03 S1000 M08；	主轴正转，转速为 1 000 r/min，打开 1 号切削液
	G00 Z0；	快速定位至 Z0 位置
	X73；	快速定位至 X73 位置
	G01 X－1 F0.25；	车削端面
	G00 Z1；	快速退刀至 Z1 位置
	X73；	快速定位至毛坯外圆面位置
	G72 W1.5 R0.5；	端面粗加工循环指令
	G72 P10 Q20 U0.6 W0.1 F0.25；	粗加工路径从 N10 段起始，至 N20 段结束；精加工余量 X 轴方向为 0.6 mm，Z 轴方向为 0.1 mm；进给量为 0.25 mm/r

续表

程序段号	加工程序	程序说明
N10	G00 Z－13;	快速定位至 Z－13 位置
	G01 X68;	车削端面
	G01 Z－5.5;	粗加工 $\phi68$ mm 外圆面
	X67 Z－5;	倒角 C0.5，锐角倒钝
	X40;	车削端面
	Z－0.5;	粗加工 $\phi40_{-0.025}^{0}$ mm 外圆面
N20	G01 X37 Z1;	倒角 C0.5，锐角倒钝
	G00 X220;	快速退刀至 X220 位置
	Z100;	快速退刀至 Z100 位置
	M05;	主轴停转
	M09;	关闭切削液
	M00;	程序停止
	T0202;	换 2 号刀具，取 2 号刀具补偿值
	M03 S1000 M08;	主轴正转，转速为 1 000 r/min，打开 1 号切削液
	G00 Z1;	快速定位至 Z1 位置
	X73;	快速定位至 X73 位置
	G70 P10 Q20 F0.15;	精加工复合循环指令加工外圆面，进给量为 0.15 mm/r
	G00 X220;	快速退刀至 X220 位置
	Z100;	快速退刀至 Z100 位置
	M05;	主轴停转
	M09;	关闭切削液
	M00;	程序停止
	T0303;	换 3 号刀具，取 3 号刀具补偿值
	M03 S1000 M08;	主轴正转，转速为 1 000 r/min，打开 1 号切削液
	G00 Z2;	快速定位至 Z2 位置
	X20;	快速定位至毛坯内孔位置
	G71 U1.5 R0.2;	外径粗加工复合循环指令
	G71 P30 Q40 U－0.6 W0.08 F0.25;	P30，Q40
N30	G00 X30;	快速定位至加工 $\phi30_{0}^{+0.021}$ mm 内孔起点
	G01 Z－12;	粗加工内孔
	X25.339;	快速定位至加工倒角起刀点
	X22.339 Z－13.5;	倒角 C1.5
	G01 Z－30;	粗加工螺纹小径

续表

程序段号	加工程序	程序说明
N40	G00 X20;	快速定位至外径粗加工循环指令起点
	G00 Z100;	快速退刀至 Z100 位置
	X220;	快速退刀至 X220 位置
	M05;	主轴停转
	M09;	关闭切削液
	M00;	程序停止
	T0404;	换 4 号刀具，取 4 号刀具补偿值
	M03 S1300 M08;	主轴正转，转速为 1 300 r/min，打开 1 号切削液
	G00 Z2;	快速定位至 Z2 位置
	X20;	快速定位至精加工循环指令起点
	G70 P30 Q40 F0.15;	精加工复合循环指令加工 $\phi30^{+0.021}_{0}$ mm 内孔及 M24 × 1.5 − 7H 内螺纹小径，进给量为 0.15 mm/r
	G00 Z100;	快速退刀至 Z100 位置
	X220;	快速退刀至 X220 位置
	M05;	主轴停转
	M09;	关闭切削液
	M30;	程序结束并返回程序起点

调头装夹，伸出长度为 27 mm。装夹时垫入铜片，以免夹伤已加工部分，车削端面保证总长为（28 ± 0.1）mm

程序段号	加工程序	程序说明
	O0002;	
	G99 G40 G21 G18;	程序初始化
	T0101;	换 1 号刀具，取 1 号刀具补偿值
	M03 S1000 M08;	主轴正转，转速为 1 000 r/min，打开 1 号切削液
	G00 Z0;	快速定位至 Z0 位置
	X73;	快速定位至 X73 位置
	G01 X15 F0.25;	车削端面
	G00 Z1;	快速退刀至 Z1 位置
	X70;	快速退刀至毛坯外圆的位置
	G71 U1.5 R0.5;	外径粗加工复合循环指令
	G71 P10 Q20 U0.6 W0.1 F0.25;	外径粗加工复合循环指令
N10	G00 X39;	快速定位至加工倒角 X 轴方向起刀点
	G01 Z0;	靠近端面
	G01 X40 Z − 0.5;	锐角倒钝
	G01 Z − 7;	粗加工 $\phi40^{0}_{-0.025}$ mm 外圆面
	G02 X48 Z − 11 R4;	粗加工 R4 圆弧面

续表

程序段号	加工程序	程序说明
	G01 Z−16；	粗加工 ϕ48 mm 外圆面
N20	X70；	退刀
	G00 X220；	快速退刀至 X220 位置
	Z100；	快速退刀至 Z100 位置
	M05；	主轴停转
	M09；	关闭切削液
	M00；	程序停止
	T0202；	换 2 号刀具，取 2 号刀具补偿值
	M03 S1500 M08；	主轴正转，转速为 1 500 r/min，打开 1 号切削液
	G00 Z1；	快速定位至 Z1 位置
	X70；	快速定位至 X70 位置
	G70 P10 Q20 F0.15；	精加工复合循环指令，进给量为 0.15 mm/r
	G00 X220；	快速退刀至 X220 位置
	Z100；	快速退刀至 Z100 位置
	M05；	主轴停转
	M09；	关闭切削液
	M00；	程序停止
	T0303；	换 3 号刀具，取 3 号刀具补偿值
	M03 S1000 M08；	主轴正转，转速为 1 000 r/min，打开 1 号切削液
	G00 Z2；	快速定位至 Z2 位置
	X20；	快速定位至毛坯内孔位置
	G71 U1.5 R0.2；	外径粗加工复合循环指令
	G71 P30 Q40 U−0.6 W0.08 F0.25；	外径粗加工复合循环指令
N30	G00 X30；	快速定位至加工 ϕ30$^{+0.021}_{0}$ mm 内孔起刀点
	G01 Z−5；	粗加工 ϕ30$^{+0.021}_{0}$ 内孔
	X25.339；	定位至加工 C1.5 倒角起刀点
	X21.339 Z−7；	粗加工 C1.5 倒角
N40	G01 X20；	退刀至内径粗加工循环指令起点
	G00 Z100；	快速退刀至 Z100 位置
	X200；	快速退刀至 X200 位置
	M05；	主轴停转
	M09；	关闭切削液
	M00；	程序停止

续表

程序段号	加工程序	程序说明
	T0404；	换 4 号刀具，取 4 号刀具补偿值
	M03 S1300 M08；	主轴正转，转速为 1 300 r/min，打开 1 号切削液
	G00 Z2；	快速定位至 Z2 位置
	X20；	快速定位至精加工循环指令起点
	G70 P30 Q40 F0.15；	精加工复合循环指令加工 $\phi 30^{+0.021}_{0}$ mm 内孔及 C1.5 倒角，进给量为 0.15 mm/r
	G00 Z100；	快速退刀至 Z100 位置
	X200；	快速退刀至 X200 位置
	M05；	主轴停转
	M09；	关闭切削液
	M00；	程序停止
	T0505；	换 5 号刀具，取 5 号刀具补偿值
	M03 S700 M08；	主轴正转，转速为 700 r/min，打开 1 号切削液
	G00 X20 Z2；	定位至螺纹切削单循环指令起点
	G92 X23.3 Z – 16 F1.5；	螺纹切削单循环指令（螺纹切削第 1 刀）
	X23.6；	螺纹切削第 2 刀
	X23.9；	螺纹切削第 3 刀
	X24；	螺纹切削第 4 刀
	X24；	精修毛刺
	G00 Z100；	快速退刀至 Z100 位置
	X220；	快速退刀至 X220 位置
	M05；	主轴停转
	M09；	关闭切削液
	M30；	程序结束并返回程序起点

问题记录：_____

_____

_____

学习环节三　零件数控车削加工

学习目标

（1）能够按照企业对生产车间环境、安全、卫生、生产和事故的预防等标准，

正确穿戴劳动防护用品,并严格执行生产安全操作规程。

(2) 能够根据零件图,确定符合加工要求的工具、量具、夹具及辅具。

(3) 能够正确装夹工件,并对其进行找正。

(4) 能够正确规范地装夹数控车刀,并正确对刀,建立工件坐标系。

(5) 能够正确进行程序编辑、输入、模拟、调试、优化等操作。

(6) 能够规范使用量具,并在加工过程中适时检测,保证工件加工精度。

(7) 能够独立解决加工中出现的程序报警及机床简单故障。

(8) 能够按车间现场 6S 管理和产品工艺流程的要求,正确规范地保养机床,并填写设备日常维护保养记录表 (见附表 2)。

学习过程

一、加工准备

1. 着装自检

根据生产车间着装管理规定,进行着装自检,并填写着装自检表。着装自检表如表 2.3.7 所示。

表 2.3.7 着装自检表

序号	着装要求	自检结果
1	穿好工作服,做到三紧 (下摆、领口、袖口)	
2	穿好劳保鞋	
3	戴好防护镜	
4	工作服外不得显露个人物品 (挂牌、项链等)	
5	不可佩戴挂牌等物件	
6	若留长发,则需束起,并戴工作帽	

2. 机床准备

机床准备卡片如表 2.3.8 所示。

表 2.3.8 机床准备卡片

检查项目	机械部分				电器部分		数控系统部分			辅助部分	
	主轴	进给	刀架	润滑	电源	散热	电气	控制	驱动	冷却	润滑
检查情况											

注:经检查后该部分完好,在相应项目下打"√";若出现问题,则应及时报修。

3. 领取工具、量具及刀具

工具、量具及刀具表如表 2.3.9 所示。

表 2.3.9　工具、量具及刀具表

序号	名称	图片	数量	备注
1	刀尖角 80°外圆车刀	DCLNR/L KAPR:95°	1 把	
2	刀尖角 35°外圆车刀	DVJNR/L KAPR:93°	1 把	
3	内孔车刀		2 把	
4	内螺纹车刀		1 把	
5	25～50 mm、50～75 mm 外径千分尺		各1把	
6	25～50 mm 内径千分尺		1 把	
7	M24×1.5－T/Z 螺纹塞规		1 套	
8	0～150 mm 游标卡尺		1 把	

续表

序号	名称	图片	数量	备注
9	铜皮、铜棒		各1个	
10	刀架扳手、卡盘扳手		各1个	

4. 正确选择切削液

本任务选择 3% ~ 5% 的乳化液作为切削液。

5. 领取毛坯

领取毛坯，测量并记录所领毛坯的实际外形尺寸，判断毛坯是否有足够的加工余量，以及其外形是否满足加工条件。

二、零件数控车削加工

1. 开机准备

正确开机，回参考点，建立机床坐标系，使机床对其后的操作有一个基准位置。

2. 安装毛坯和刀具

夹住毛坯外圆，伸出长度为 18 mm 左右，调头装夹 $\phi 40_{-0.025}^{0}$ 外圆，加工左端轮廓时需垫入铜皮，且在夹紧工件时不能使工件变形。

依次将刀尖角 80°外圆车刀、刀尖角 35°外圆车刀、内孔粗车刀、内孔精车刀、内螺纹车刀装夹在 T01、T02、T03、T04、T05 号刀位中，使刀具刀尖与工件回转中心等高。

3. 对刀操作

零件左、右端轮廓加工都可采用试切法对刀。

4. 输入程序并检验

将程序输入数控系统，分别调出两个程序，进行程序校验。在程序校验时，通常按下图形显示、"机床锁" 功能按键校验程序，观察刀具轨迹。也可以采用数控仿真软件进行仿真验证。

5. 零件加工

（1）加工零件右端轮廓。

①调出程序 O0001，检查工件、刀具是否按要求夹紧，刀具是否已对刀。

②按下 "自动方式" 功能按键，进入 AUTO 自动加工方式，调小进给倍率，

按下"单段" ![图标] 功能按键，设置单段运行，按下"循环启动"功能按键进行零件加工，在每段程序运行结束后继续按下"循环启动"功能按键，即可一步一步执行程序加工零件。在加工中观察切削情况，逐步将进给倍率调至适当大小。

③当程序运行到 N20 段，粗加工完毕后停机，适时测量外圆直径，根据尺寸误差，调整刀具补正参数，保证零件尺寸精度。

④继续按下"循环启动"功能按键，运行外轮廓精加工程序，保证尺寸精度。

（2）加工零件左端轮廓。

调头装夹 $\phi40_{-0.025}^{\ 0}$ mm 外圆，手动加工保证总长为（28±0.1）mm，调出程序 O0002。在 AUTO 自动加工方式下，按下"循环启动"功能按键进行自动加工。左端外圆表面尺寸精度并无要求，不需要测量调试。在加工过程中为避免三爪自定心卡盘破坏已加工表面，可垫一圈铜皮作为防护。

三、保养机床、清理场地

在加工完毕后，按照零件图要求进行自检，正确放置零件，并进行产品交接确认；按照国家环保相关规定和车间现场 6S 管理要求整理现场、清扫切屑、保养机床，并正确处置废油液等废弃物；按照车间规定填写交接班记录（见附表1）和设备日常维护保养记录表（见附表2）。

学习环节四　零件检测与评价

学习目标

（1）在教师的指导下，能够使用游标卡尺、外径千分尺等量具对零件进行检测。

（2）能够分析零件超差原因，并提出修改意见。

（3）能够根据实训室管理要求，合理保养、维护、放置工具及量具。

（4）能够填写零件质量检测结果报告单。

学习过程

一、明确测量要素，选取检测量具

游标卡尺、外径千分尺、内径千分尺、螺纹塞规。

二、检测零件，并填写零件质量检测结果报告单

零件质量检测结果报告单如表2.3.10所示。

表 2.3.10 零件质量检测结果报告单

单位名称			班级学号		姓名	成绩
零件图号			零件名称			
项目	序号	考核内容		配分	评分标准	检测结果 学生	检测结果 教师	得分

项目	序号	考核内容		配分	评分标准	学生	教师	得分
内外圆柱面	1	$\phi40^{0}_{-0.025}$	IT	3	超差 0.01 扣 2 分			
			Ra	3	降一级扣 2 分			
	2	$\phi40^{0}_{-0.025}$	IT	3	超差 0.01 扣 2 分			
			Ra	3	降一级扣 2 分			
	3	$\phi30^{+0.021}_{0}$	IT	3	超差 0.01 扣 2 分			
			Ra	3	降一级扣 2 分			
	4	$\phi30^{+0.021}_{0}$	IT	3	超差 0.01 扣 2 分			
			Ra	3	降一级扣 2 分			
	5	$\phi48$	IT	3	超差 0.01 扣 2 分			
			Ra	3	降一级扣 2 分			
	6	$\phi68$	IT	3	超差 0.01 扣 2 分			
			Ra	3	降一级扣 2 分			
长度	7	28 ± 0.1	IT	15	超差 0.01 扣 2 分			
	8	5	IT	3	超差 0.01 扣 2 分			
	9	16	IT	3	超差 0.01 扣 2 分			
	10	11	IT	3	超差 0.01 扣 2 分			
	11	12	IT	3	超差 0.01 扣 2 分			
	12	5	IT	3	超差 0.01 扣 2 分			
倒角	13	$C1.5$	IT	4	超差 0.01 扣 2 分			
			Ra	5	降一级扣 2 分			
圆弧面	14	$R4$	IT	5	超差 0.01 扣 2 分			
			Ra	5	降一级扣 2 分			
螺纹	15	$M24 \times 1.5$	IT	15	超差 0.01 扣 2 分			
检测结论								
产生不合格品原因								

三、 小组检查及评价

小组评价表如表 2.3.11 所示。

表 2.3.11　小组评价表

单位名称		零件名称	零件图号	小组编号
班级学号	姓名	表现	零件质量	排名

小组点评：_____

四、 质量分析

数控车床在加工螺纹端盖过程中常见问题的产生原因及其预防和消除方法如表 2.3.12 所示。

表 2.3.12　数控车床在加工螺纹端盖过程中常见问题的产生原因及其预防和消除方法

常见问题	产生原因	预防和消除方法
螺纹牙型底部过宽	（1）刀具选择错误。 （2）刀具磨损。 （3）螺纹有乱牙现象。 （4）主轴脉冲编码器工作不正常。 （5）Z 轴方向间隙过大	（1）选择正确的刀具。 （2）重新刃磨或更换刀片。 （3）检查程序中有无导致乱牙的原因。 （4）检查主轴脉冲编码器是否松动、损坏。 （5）检查 Z 轴丝杠是否有窜动现象
螺纹牙型半角不正确	刀具安装角度不正确	调整刀具安装角度
螺纹表面质量差	（1）切削速度过低。 （2）刀具中心过高。 （3）切削控制较差。 （4）刀尖产生积屑瘤。 （5）切削液选用不合理	（1）调高主轴转速。 （2）调整刀具中心高度。 （3）选择合理的进刀方式及切深。 （4）选择合适的切削速度范围。 （5）选择合适的切削液并充分喷注
螺距误差	（1）伺服系统滞后效应。 （2）程序错误	（1）增加螺纹切削升降速段的长度。 （2）检查、修改程序

五、 教师填写考核结果报告单

考核结果报告单（教师填写）如表 2.3.13 所示。

表 2.3.13 考核结果报告单（教师填写）

单位名称		班级学号			姓名		成绩	
		零件图号			零件名称		螺纹端盖	
序号	项目	考核内容			配分	得分		项目成绩
1	零件质量 （30分）	圆柱面			10			
		长度			5			
		螺纹			10			
		圆弧面			5			
2	工艺方案 制订 （30分）	零件图工艺信息分析			6			
		刀具、工具及量具的选择			6			
		确定零件定位基准和装夹方式			3			
		确定对刀点及对刀			3			
		制订加工方案			3			
		确定切削用量			4.5			
		填写数控加工工序卡			4.5			
3	编程加工 （20分）	数据车削加工程序的编制			8			
		零件数控车削加工			12			
4	刀具、工具 及量具的 使用（5分）	量具的使用			2			
		刀具的安装			2			
		工件的安装			1			
5	安全文明 生产 （10分）	按要求着装			2			
		操作规范，无操作失误			5			
		保养机床、清理场地			3			
6	团队协作 （5分）	能与小组成员和谐相处，互相学习、互相帮助、不一意孤行			5			

六、 个人工作总结

在教师指导下分析零件加工质量，分析自己加工零件的超差形式及形成原因，填写个人工作总结报告（见表 2.3.14）。

表 2.3.14　个人工作总结报告

单位名称			零件名称		零件图号	
班级学号			姓名		成绩	

项目三 省级职业技能大赛"数控车"赛项赛件编程与加工

项目导读

世界技能大赛由世界技能组织每两年举办一届，是迄今全球地位最高、规模最大、影响力最广的职业技能竞赛，被誉为"世界技能赛事的奥林匹克"。各省市为了选拔出最优秀的选手参加世界技能大赛全国选拔赛，参照世界技能大赛的技术要求和规则标准，积极组织选拔赛，促进技能竞赛和技能人才培养工作的科学、有序发展。本项目根据山西省职业技能大赛"数控车"赛项的考核要求和世界技能大赛"数控车"赛项的技能标准，以及世界技能大赛的评分方案，进行项目转化。本项目通过对赛件加工任务的学习和实施，使学生熟悉该赛件数控刀具的选用、加工方案的制订、夹具和装夹方式的选择、切削用量的确定、数控加工程序的自动编制、加工精度的控制、数控加工工序卡的填写、零件的检测和实际操作等方面的知识，并最终掌握该赛件的加工工艺。

学习目标

1. 知识目标

（1）了解数控车削加工类零件的 CAD/CAM 加工流程。

（2）掌握计算机辅助制造软件中数控车削加工自动编程的操作技能。

（3）掌握零件加工工艺知识、装配知识。

2. 能力目标

（1）能够根据零件图和技术资料进行工艺分析，制订合理的加工方案。

（2）能够熟练使用手工量具进行零件检测。

（3）能够加工该赛件并达到一定的精度要求。

（4）了解国家标准中机械加工的精度等级、尺寸公差、形位公差等相关要求。

3. 素质目标

（1）培养良好的道德品质、沟通协调能力、团队合作精神和一丝不苟的敬业精神。

（2）具备攻坚克难、精益求精、技术创新的工匠品质。

任务一 配合件的编程与加工

在数控车削加工中，经常会遇到各种带有槽（如单槽、多槽、宽槽、窄槽等）

的零件。这些槽在实际中应用广泛，如润滑油槽、定位槽、越程槽、工艺槽等。近年来，在世界技能大赛，以及国家级、省级技能大赛"数控车"赛项中，比赛难度主要体现在深槽、薄壁槽、圆弧槽、斜底槽、端面槽的加工。在进行槽加工时，切槽车刀需要双刃切削来保证槽加工尺寸精度，因此在比赛中，对机床反向间隙的测量和补正、刀具的选择和薄壁件变形精度等要求严格，这是保证槽加工精度的关键因素。本任务要求学生能够根据竞赛生产任务单制定赛件加工工艺，编写赛件加工程序，在数控车床上进行实际加工操作，并对加工后的赛件进行检测、评价，最后以小组为单位对赛件成果进行总结。

任务导入

一、竞赛生产任务单

配合件生产任务单如表 3.1.1 所示。

表 3.1.1　配合件生产任务单

	序号	零件名称	毛坯外形尺寸	数量	材料	技术要求
赛件清单	1	件 1	$\phi100$ mm×100 mm	1 个	45 钢	见图纸
	2	件 2	$\phi110$ mm×65 mm	1 个	45 钢	见图纸

二、配合件产品与零件图、装配图

件 1 产品与零件图如图 3.1.1 所示。
件 2 产品与零件图如图 3.1.2 所示。
装配图如图 3.1.3 所示。

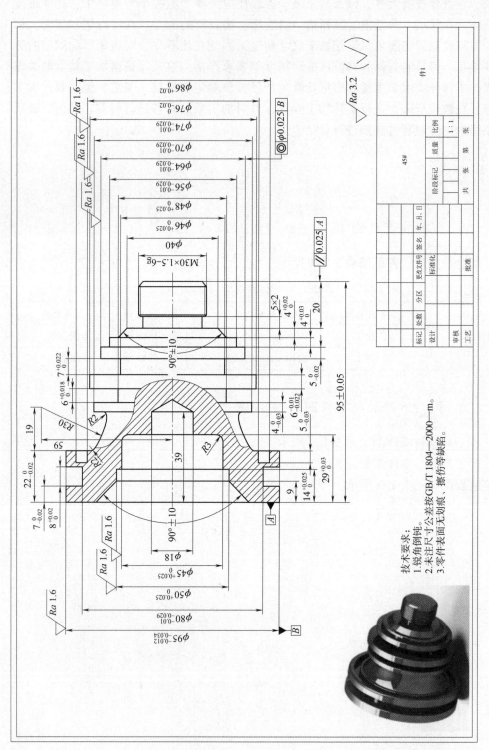

技术要求:
1. 锐角倒钝。
2. 未注尺寸公差按GB/T 1804—2000—m。
3. 零件表面无划痕、擦伤等缺陷。

图3.1.1 件1产品与零件图

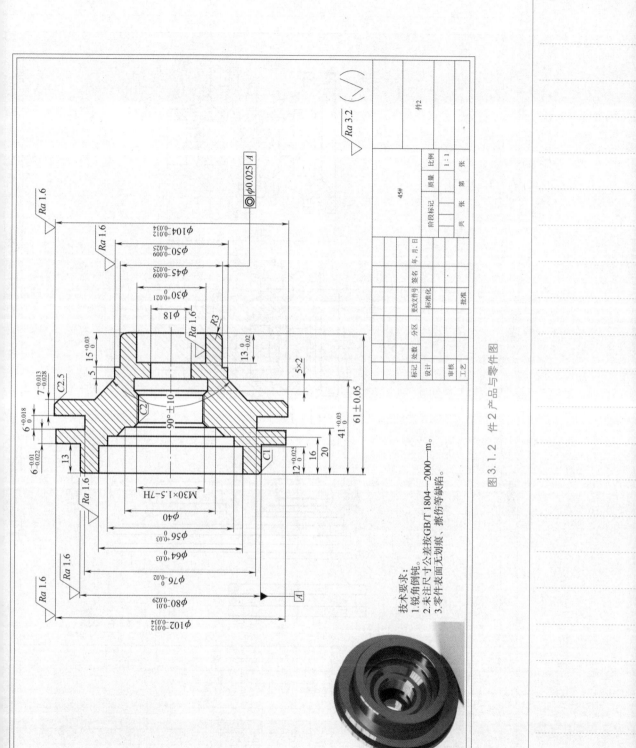

技术要求:
1. 锐角倒钝。
2. 未注尺寸公差按GB/T 1804—2000—m。
3. 零件表面无划痕、擦伤等缺陷。

图3.1.2　件2产品与零件图

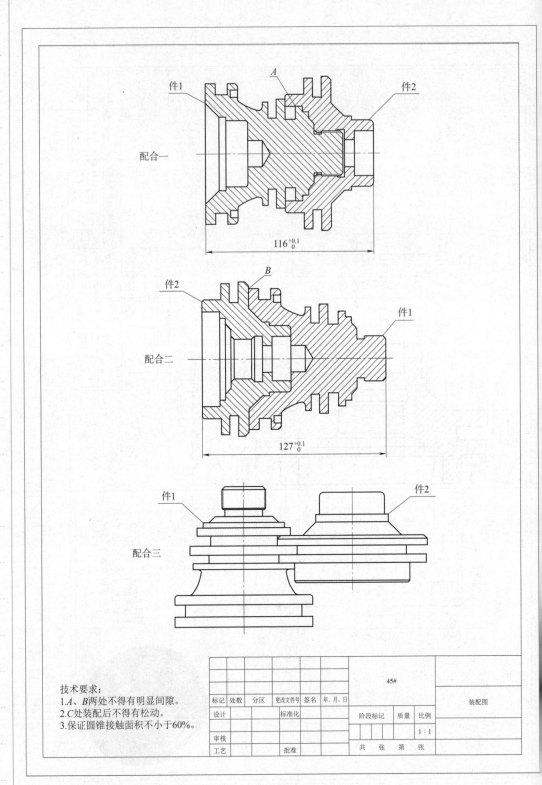

技术要求：
1.A、B两处不得有明显间隙。
2.C处装配后不得有松动。
3.保证圆锥接触面积不小于60%。

标记	处数	分区	更改文件号	签名	年、月、日		45#		
设计			标准化						装配图
						阶段标记	质量	比例	
审核								1∶1	
工艺			批准			共　张	第　张		

图 3.1.3　装配图

学习环节一 零件工艺分析

学习目标

（1）能够阅读竞赛生产任务书，明确竞赛任务，制订合理的竞赛加工计划。

（2）能够根据零件图和技术资料，进行配合件零件工艺分析。

（3）能够根据加工工艺、配合件零件材料和形状特征等选择刀具和刀具的几何参数，并合理确定数控车削加工的切削用量。

（4）能够合理制订配合件的加工方案，并填写数控加工工序卡。

学习过程

一、零件图工艺信息分析

1. 零件轮廓几何要素分析

本任务中配合件中的两个零件在加工完成后，有三种不同的配合方式：配合一为螺纹配合、圆锥面配合、圆柱面配合；配合二为圆弧面配合、圆柱面配合、圆锥面配合；配合三为凸槽凹槽配合。以上三种配合是轴类零件中最为常见的配合方式，每种配合都有其不同的加工难点和不同的加工工艺。

配合件中件1、件2的加工面由外圆面、螺纹、外圆槽、斜底槽、端面槽、内孔等特征构成。其各几何元素之间关系明确，尺寸标注完整、正确，有统一的设计基准。该配合件形状较为复杂，切削加工部位多，对配合螺纹的尺寸公差、位置公差和形状公差要求高，零件一侧加工后便于调头装夹加工。该配合件形状规则，可选用标准刀具进行加工。

2. 精度分析

（1）尺寸精度分析：该配合件外圆面、内孔尺寸公差等级为 IT7～IT6。件1、件2加工精度要求较高，同时有多处深槽、斜底槽、端面槽和 M30×1.5 螺纹。加工难点在于槽加工尺寸的精度要求，由于在槽加工时需要双刃切削保证精度，主要通过在加工过程中采用适当的走刀路线、选用合适的刀具、正确测量机床反向间隙、正确设置刀具补偿值及摩耗，以及正确制定合适的加工工艺等措施来保证。

①件1加工分析。从单个零件的角度分析，该零件的加工难度较前面任务有所提高，主要体现在深槽、斜底槽、端面槽的加工，是该零件加工的难点之一。

注：在件1的加工中，该零件的右端（外圆）要与件2的左端（内孔）相配合，所以在加工保证零件的尺寸精度时，让该零件右端的外圆尺寸接近公差的下偏差，而在加工件2左端时，通常会将内孔尺寸加工至接近公差的上偏差。

②件2加工分析。该零件在加工过程中，尺寸的保证方法及配合的保证方法与件1相似，该零件在加工完成后必须保证与件1的配合关系，这是该零件的加工难点之一。也正是此难点的存在，使本任务达到了高级以上的难度等级。

③配合分析。零件的配合加工是本任务的最大难点。在本任务中存在着三种不同的配合方式，就需要有不同的工艺方法来保证。

（2）表面粗糙度分析：该配合件部分表面粗糙度要求为 Ra 1.6 μm，其余为 Ra 3.2 μm。对于表面粗糙度的要求，主要通过选用合适的刀具及其几何参数，正确的粗、精加工路线，合理的切削用量及切削液等措施来保证。

二、刀具、工具及量具的选择

数控车床一般均使用机夹可转位车刀。本配合件加工选用株洲钻石系列刀具，刀片材料采用硬质合金。数控车床加工配合件刀具卡如表3.1.2所示，数控车床加工配合件工具及量具清单如表3.1.3所示。

表3.1.2 数控车床加工配合件刀具卡

序号	刀具号	刀具名称	刀具参数			刀片材料	偏置号	刀杆型号
			刀尖半径/mm	刀尖方位	刀片型号			
1	T01	外圆粗车刀	0.8	3	CNMG120408 – DR	硬质合金	1	DCLNR2525M09
2	T02	外圆精车刀	0.4	3	VNMG160404 – DF	硬质合金	2	DVJNR2525M16
3	T03	切槽车刀	0.4	8	ZQMX5N11 – IE	硬质合金	3	QZQ2525R05
4	T04	外螺纹车刀	0.1	8	RT16.01W – 8NPTB	硬质合金	4	SWR2525M16B
5	T05	内孔车刀	0.8	2	CNMG090308 – DF	硬质合金	5	S16Q – PCLNR09
6	T06	圆弧槽刀	1.5	8	ZRFD03 – MG	硬质合金	6	QEFD2525R17
7	T07	端面槽刀	0.3	7	ZTFD0303 – MG	硬质合金	7	QFFD2020R7 – 100L
8	TO8	内孔槽刀	0.2	6	GTMD302 – GM	硬质合金	8	GID2016R05 – 3
9	T09	内螺纹车刀	0.1	6	Z16IR1.5ISO	硬质合金	9	ZSIR0016M16
10		钻头						1534SU03 – 2000

表3.1.3 数控车床加工配合件工具及量具清单

分类	名称	尺寸规格	数量	备注
量具	游标卡尺	0 ~ 150 mm	1把	
	外径千分尺	0 ~ 25 mm	1把	
		25 ~ 50 mm	1把	
		50 ~ 75 mm	1把	
		75 ~ 100 mm	1把	
		100 ~ 125 mm	1把	
	公法线千分尺	0 ~ 25 mm	1把	
		25 ~ 50 mm	1把	

续表

分类	名称	尺寸规格	数量	备注
量具	叶片千分尺	0 ~ 25 mm	各1把	
		25 ~ 50 mm		
		50 ~ 75 mm		
		75 ~ 100 mm		
	三点内径千分尺	40 ~ 50 mm	各1把	
		50 ~ 63 mm		
		62 ~ 75 mm		
	游标深度尺	0 ~ 150 mm	1把	
	螺纹环规、螺纹塞规	M30 × 1.5 – T/Z	1套	
工具	铜棒、铜皮		自定	铜皮宽度为 25 mm
	活动扳手	300 mm × 24 mm	自定	
	护目镜等安全装备		1套	

三、 确定零件定位基准和装夹方式

由于工件是一根实心轴，轴的长度不是太长，因此，采用三爪自定心卡盘装夹。

四、 确定对刀点及对刀

将工件左端面中心点设为工件坐标系的原点。

五、 制订加工方案

1. 件1

件1工序一简图如图3.1.4所示。

（1） 三爪自定心卡盘夹持零件的毛坯外圆，伸出长度为 40 mm 左右。

（2） 加工右端面。

（3） $\phi18$ mm 钻头钻孔，深度为 40 mm。

（4） 粗加工 $\phi50^{+0.025}_{0}$ mm 内孔、$\phi45^{+0.025}_{0}$ mm 内孔、$R2$ 圆弧面、圆锥面。

（5） 精加工 $\phi50^{+0.025}_{0}$ mm 内孔、$\phi45^{+0.025}_{0}$ mm 内孔、$R2$ 圆弧面、圆锥面。

（6） 粗加工 $\phi95^{-0.012}_{-0.034}$ mm 外圆面。

（7） 精加工 $\phi95^{-0.012}_{-0.034}$ mm 外圆面。

（8） 粗加工 $\phi80^{-0.010}_{-0.029}$ mm × $8^{+0.02}_{0}$ mm 沟槽。

（9） 精加工 $\phi80^{-0.010}_{-0.029}$ mm × $8^{+0.02}_{0}$ mm 沟槽。

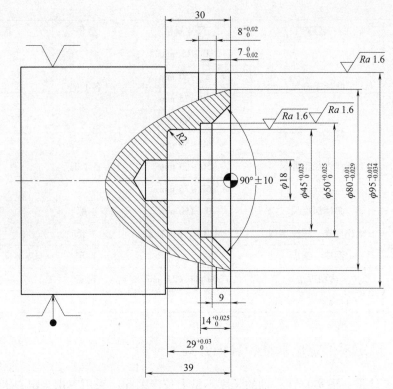

图 3.1.4 件 1 工序一简图

件 1 工序二简图如图 3.1.5 所示。

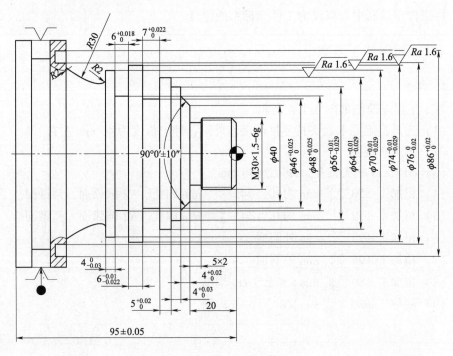

图 3.1.5 件 1 工序二简图

（10）调头装夹 $\phi 95_{-0.034}^{-0.012}$ mm 外圆，伸出长度为 80 mm 左右。

（11）车削端面保证总长为（95±0.05）mm。

（12）粗加工 M30×1.5 – 6g 外圆面螺纹大径、$\phi 56_{-0.029}^{-0.010}$ mm 外圆面、$\phi 64_{-0.029}^{-0.010}$ mm 外圆面、$\phi 70_{-0.029}^{-0.010}$ mm 外圆面、$\phi 74_{-0.029}^{-0.010}$ mm 外圆面、圆锥面、$R2$ 圆弧面、$C2$ 倒角。

（13）精加工 M30×1.5 – 6g 外螺纹大径、$\phi 56_{-0.029}^{-0.010}$ mm 外圆面、$\phi 64_{-0.029}^{-0.010}$ mm 外圆面、$\phi 70_{-0.029}^{-0.010}$ mm 外圆面、$\phi 74_{-0.019}^{-0.010}$ mm 外圆面、圆锥面、$R2$ 圆弧面、$C2$ 倒角。

（14）粗加工 5 mm×2 mm 外螺纹退刀槽、$\phi 46_{0}^{+0.025}$ mm×$7_{0}^{+0.022}$ mm 直槽、$\phi 48_{0}^{+0.025}$ mm×$6_{-0.022}^{-0.010}$ mm 直槽。

（15）精加工 5 mm×2 mm 外螺纹退刀槽、$\phi 46_{0}^{+0.025}$ mm×$7_{0}^{+0.022}$ mm 直槽、$\phi 48_{0}^{+0.025}$ mm×$6_{-0.022}^{-0.010}$ mm 直槽。

（16）粗加工 $R30$ 斜底槽。

（17）精加工 $R30$ 斜底槽。

（18）粗、精加工 M30×1.5 – 6g 外螺纹。

（19）粗加工端面槽。

（20）精加工端面槽。

2. 件 2

件 2 工序一简图如图 3.1.6 所示。

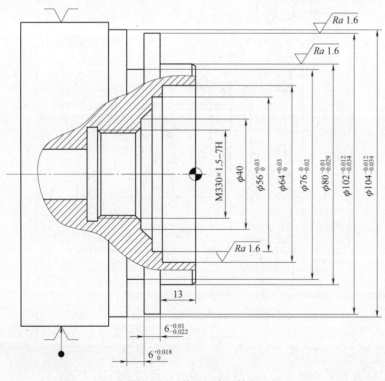

图 3.1.6　件 2 工序一简图

（1）三爪自定心卡盘夹持零件的毛坯外圆，伸出长度为 35 mm 左右。

（2）加工右端面。

（3）$\phi18$ mm 钻头钻通孔。

（4）粗加工 $\phi64^{+0.03}_{0}$ mm 内孔、$\phi56^{+0.03}_{0}$ mm 内孔、圆锥面、$M30 \times 1.5 - 7H$ 内螺纹底孔。

（5）精加工 $\phi64^{+0.03}_{0}$ mm 内孔、$\phi56^{+0.03}_{0}$ mm 内孔、圆锥面、$M30 \times 1.5 - 7H$ 内螺纹底孔。

（6）粗加工 5 mm $\times$ 2 mm 内螺纹退刀槽。

（7）精加工 5 mm $\times$ 2 mm 内螺纹退刀槽。

（8）粗、精加工 $M30 \times 1.5 - 7H$ 内螺纹。

（9）粗加工 $\phi80^{-0.012}_{-0.029}$ mm 外圆面、$\phi102^{-0.012}_{-0.034}$ mm 外圆面、$\phi104^{-0.012}_{-0.034}$ mm 外圆面。

（10）精加工 $\phi80^{-0.010}_{-0.029}$ mm 外圆面、$\phi102^{-0.012}_{-0.034}$ mm 外圆面、$\phi104^{-0.012}_{-0.034}$ mm 外圆面。

（11）粗加工 $\phi76^{0}_{-0.02}$ mm $\times 6^{+0.018}_{0}$ mm 沟槽。

（12）精加工 $\phi76^{0}_{-0.02}$ mm $\times 6^{+0.018}_{0}$ mm 沟槽。

件 2 工序二简图如图 3.1.7 所示。

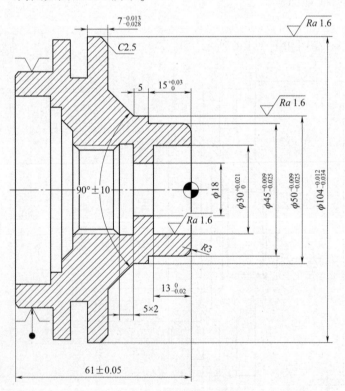

图 3.1.7　件 2 工序二简图

（13）掉头装夹 $\phi80^{-0.010}_{-0.029}$ mm 外圆，伸出长度为 48 mm 左右。

（14）车削端面保证总长为（61 ± 0.05）mm。

（15）粗加工 $\phi30^{+0.021}_{0}$ mm 内孔。

（16）精加工 $\phi30^{+0.021}_{0}$ mm 内孔。

（17）粗加工 $\phi 45_{-0.025}^{-0.009}$ mm 外圆面、$\phi 50_{-0.025}^{-0.009}$ mm 外圆面、圆锥面、$R3$ 圆弧面、$C2.5$ 倒角。

（18）精加工 $\phi 45_{-0.025}^{-0.009}$ mm 外圆面、$\phi 50_{-0.025}^{-0.009}$ mm 外圆面、圆锥面、$R3$ 圆弧面、$C2.5$ 倒角。

六、 填写数控加工工序卡

配合件数控加工工序卡如表 3.1.4、表 3.1.5 所示。

表 3.1.4 配合件件 1 数控加工工序卡

单位名称		零件名称	件 1	设备			车间		姓名	
		夹具名称		材料牌号	45 钢	毛坯规格 φ100 mm×100 mm			学号	成绩
工步号	工步内容	程序号	刀具号	量具选用 名称	量具选用 量程	切削用量 主轴转速/ (r·min⁻¹)	进给量/ (mm·r⁻¹)	背吃刀量/ mm	备注	
						工序一				
1	装夹毛坯								将工件用三爪自定心卡盘夹紧，伸出长度约为 40 mm	
2	加工右端面	00001	T01			1 000	0.20	1.0		
3	钻 φ18 mm 孔		φ18 mm 钻头	游标卡尺	0～150 mm	400	0.10	9.0		
4	粗加工 $\phi50^{+0.025}_{0}$ mm 内孔、$\phi45^{+0.025}_{0}$ mm 内孔、R2 圆弧面、圆锥面		T05	三点内径千分尺	40～50 mm	800	0.20	1.5	机床自动加工，去除大部分表面余量，满足精加工余量均匀。手动测量剩余余量	
5	精加工 $\phi50^{+0.025}_{0}$ mm 内孔、$\phi45^{+0.025}_{0}$ mm 内孔、R2 圆弧面、圆锥面		T05	三点内径千分尺	40～50 mm	1 000	0.10	0.3	手动测量剩余余量，修改精加工余量损，机床自动运行去除剩余余量后，再次测量，达到图纸要求	
6	粗加工 $\phi95^{-0.012}_{-0.024}$ mm 外圆面	00002	T01	外径千分尺	75～100 mm	800	0.20	1.5	机床自动加工，去除大部分外圆面余量，满足精加工余量均匀。手动测量剩余余量	
7	精加工 $\phi95^{-0.012}_{-0.024}$ mm 外圆面		T02	外径千分尺	75～100 mm	1 000	0.10	0.3	手动测量剩余余量，修改精加工余量损，机床自动运行去除剩余余量后，再次测量，达到图纸要求	

续表

工步号	工步内容	程序号	刀具号	量具选用 名称	量具选用 量程	主轴转速/(r·min⁻¹)	进给量/(mm·r⁻¹)	背吃刀量/mm	备注
8	粗加工 $\phi80^{-0.010}_{-0.029}$ mm × $8^{+0.02}_{0}$ mm 沟槽	O0003	T03	叶片千分尺 公法线千分尺	75~100 mm 0~25 mm	800	0.10	1.5	机床自动加工，去除大部分沟槽余量，满足精加工余量均匀。手动测量剩余余量
9	精加工 $\phi80^{-0.010}_{-0.029}$ mm × $8^{+0.02}_{0}$ mm 沟槽		T03	叶片千分尺 公法线千分尺	75~100 mm 0~25 mm	1 000	0.05	0.3	手动测量剩余余量，机床自动运行去除剩余余量后，再次测量，达到图纸要求
	工序二								
10	调头装夹	O0004							将工件用三爪自定心卡盘夹紧，伸出长度约为80 mm
11	车削端面保证总长为（95±0.05）mm		T01	游标卡尺	0~150 mm	1 000	0.20	1.0	
12	粗加工 M30×1.5-6g外螺纹大径、$\phi56^{-0.010}_{-0.029}$ mm外圆面、$\phi64^{-0.010}_{-0.029}$ mm外圆面、$\phi70^{-0.010}_{-0.029}$ mm外圆面、$\phi74^{-0.010}_{-0.029}$ mm外圆面、圆锥面、R2圆弧面、C2倒角		T01	外径千分尺 公法线千分尺	25~50 mm 50~75 mm 0~25 mm	800	0.20	1.5	机床自动加工，去除大部分表面余量，满足精加工余量均匀。手动测量剩余余量
13	精加工 M30×1.5-6g外螺纹大径、$\phi56^{-0.010}_{-0.029}$ mm外圆面、$\phi64^{-0.010}_{-0.029}$ mm外圆面、$\phi70^{-0.010}_{-0.029}$ mm外圆面、$\phi74^{-0.010}_{-0.029}$ mm外圆面、圆锥面、R2圆弧面、C2倒角		T02	外径千分尺 公法线千分尺	25~50 mm 50~75 mm 0~25 mm	1 000	0.10	0.3	手动测量剩余余量，机床自动运行去除剩余余量后，再次测量，达到图纸要求

续表

工步号	工步内容	程序号	刀具号	量具选用 名称	量具选用 量程	切削用量 主轴转速/(r·min⁻¹)	切削用量 进给量/(mm·r⁻¹)	切削用量 背吃刀量/mm	备注
14	粗加工 5 mm×2 mm 外螺纹退刀槽、$\phi 46^{+0.025}_{0}$ mm×$7^{+0.022}_{0}$ mm 直槽、$\phi 48^{+0.025}_{0}$ mm×$6^{-0.010}_{-0.022}$ mm 沟槽	00005	T03	叶片千分尺 / 公法线千分尺 / 游标卡尺	25~50 mm / 0~25 mm / 0~150 mm	800	0.10	1.5	机床自动加工，去除大部分槽余量，满足精加工余量均匀。手动测量剩余余量
15	精加工 5 mm×2 mm 外螺纹退刀槽、$\phi 46^{+0.025}_{0}$ mm×$7^{+0.022}_{0}$ mm 直槽、$\phi 48^{+0.025}_{0}$ mm×$6^{-0.010}_{-0.022}$ mm 沟槽		T03	叶片千分尺 / 公法线千分尺 / 游标卡尺	25~50 mm / 0~25 mm / 0~150 mm	1 000	0.05	0.3	手动测量剩余余量，修改磨损，机床自动运行去除剩余余量后，再次测量，达到图纸要求
16	粗加工 R30 斜底槽	00006	T06			800	0.10	0.3	机床自动加工，去除大部分斜底槽余量，满足精加工余量均匀。手动测量剩余余量
17	精加工 R30 斜底槽		T06			1 000	0.05	0.3	手动测量剩余余量，修改磨损，机床自动运行去除剩余余量后，再次测量，达到图纸要求
18	粗、精加工 M30×1.5-6g 外螺纹		T04	螺纹环规	M30×1.5-7/Z	1 000	1.50	0.5	
19	粗加工端面槽	00007	T07	游标卡尺	0~150 mm	800	0.10	0.5	机床自动加工，去除大部分端面槽余量，满足精加工余量均匀。手动测量剩余余量
20	精加工端面槽		T07	游标卡尺	0~150 mm	1 000	0.05	0.2	手动测量剩余余量，修改磨损，机床自动运行去除剩余余量后，再次测量，达到图纸要求

表 3.1.5 配合件件 2 数控加工工序卡

单位名称		零件名称	件 2	设备	材料牌号	45 钢	毛坯规格	φ110 mm×65 mm	车间		姓名	
									学号		成绩	

工步号	工步内容	程序号	刀具号	量具选用 名称	量程	主轴转速/ (r·min⁻¹)	切削用量 进给量/ (mm·r⁻¹)	背吃刀量/ mm	备注
1	装夹毛坯								将工件用自定心卡盘夹紧，伸出长度约 35 mm
2	加工右端面	00001	T01			1 000	0.20	1.0	
3	钻 φ18 mm 通孔		φ18 mm 钻头	游标卡尺	0~150 mm	400	0.10	9.0	
4	粗加工 φ64$^{+0.03}_{0}$ mm 内孔、φ56$^{+0.03}_{0}$ mm 内孔、圆锥面、M30×1.5－7H 内螺纹底孔		T05	三点内径千分尺	50~63 mm 62~75 mm	800	0.20	1.5	机床自动加工，去除大部分表面余量，满足精加工余量均匀。手动测量剩余余量
5	精加工 φ64$^{+0.03}_{0}$ mm 内孔、φ56$^{+0.03}_{0}$ mm 内孔、圆锥面、M30×1.5－7H 内螺纹底孔		T05	三点内径千分尺	50~63 mm 62~75 mm	1 000	0.10	0.3	手动测量剩余余量，修改磨损，机床自动运行去除剩余余量后，再次测量，达到图纸要求
6	粗加工 5 mm×2 mm 内螺纹退刀槽	00002	T08			600	0.10	1.5	机床自动加工，去除大部分退刀槽余量，满足精加工余量均匀。手动测量剩余余量
7	精加工 5 mm×2 mm 内螺纹退刀槽		T08			800	0.05	0.3	手动测量剩余余量，修改磨损，机床自动运行去除剩余余量后，再次测量，达到图纸要求

工序一

工步号	工步内容	程序号	刀具号	量具选用 名称	量具选用 量程	切削用量 主轴转速/(r·min⁻¹)	切削用量 进给量/(mm·r⁻¹)	切削用量 背吃刀量/mm	备注
8	粗、精加工 M30×1.5－7H 内螺纹	00003	T09	螺纹塞规	M30×1.5－T/Z	1 000	1.50	0.5	机床自动加工，去除大部分外圆面余量，满足精加工余量均匀。手动测量剩余余量
9	粗加工 $\phi 80^{-0.010}_{-0.029}$ mm 外圆面、$\phi 102^{-0.012}_{-0.034}$ mm 外圆面、$\phi 104^{-0.012}_{-0.034}$ mm 外圆面	00004	T01	外径千分尺	75~100 mm 100~125 mm	800	0.20	1.5	
10	精加工 $\phi 80^{-0.010}_{-0.029}$ mm 外圆面、$\phi 102^{-0.012}_{-0.034}$ mm 外圆面、$\phi 104^{-0.012}_{-0.034}$ mm 外圆面		T02	外径千分尺	75~100 mm 100~125 mm	1 000	0.10	0.3	手动测量剩余余量，机床自动运行去除剩余余量后，再次测量，达到图纸要求
11	粗加工 $\phi 76^{0}_{-0.02}$ mm × $6^{+0.018}_{0}$ mm 直槽	00005	T03	叶片千分尺 公法线千分尺	75~100 mm 0~25 mm	800	0.20	3.0	机床自动加工，去除大部分直槽余量，满足精加工余量均匀。手动测量剩余余量
12	精加工 $\phi 76^{0}_{-0.02}$ mm × $6^{+0.018}_{0}$ mm 直槽		T03	叶片千分尺 公法线千分尺	75~100 mm 0~25 mm	1 000	0.05	0.3	手动测量剩余余量，机床自动运行去除剩余余量后，再次测量，达到图纸要求
	工序二								
13	调头装夹								将工件用三爪自定心卡盘夹紧，伸出长度约为 48 mm
14	车削端面保证总长为（61±0.05）mm			游标卡尺	0~150 mm	1 000	0.20	1.0	

续表

工步号	工步内容	程序号	刀具号	量具选用 名称	量具选用 量程	主轴转速/(r·min⁻¹)	进给量/(mm·r⁻¹)	背吃刀量/mm	备注
15	粗加工 $\phi30^{+0.021}_{0}$ mm 内孔	O0006	T05	三点内径千分尺	25～50 mm	800	0.20	1.5	机床自动加工，去除大部分内孔余量，满足精加工余量均匀。手动测量剩余余量
				游标深度尺	0～150 mm				
16	精加工 $\phi30^{+0.021}_{0}$ mm 内孔		T05	三点内径千分尺	25～50 mm	1 000	0.10	0.3	手动测量剩余余量，修改磨损，机床自动运行去除剩余余量，再次测量，达到图纸要求
				游标深度尺	0～150 mm				
17	粗加工 $\phi45^{-0.009}_{-0.025}$ mm 外圆面、$\phi50^{-0.009}_{-0.025}$ mm 外圆面、圆锥面、R3 圆弧面、C2.5 倒角	O0007	T01	外径千分尺	25～50 mm	800	0.20	1.5	机床自动加工，去除大部分分表面余量，满足精加工余量均匀。手动测量剩余余量
				游标深度尺	0～150 mm				
18	精加工 $\phi45^{-0.009}_{-0.025}$ mm 外圆面、$\phi50^{-0.009}_{-0.025}$ mm 外圆面、圆锥面、R3 圆弧面、C2.5 倒角		T02	外径千分尺	25～50 mm	1 000	0.10	0.3	手动测量剩余余量，修改磨损，机床自动运行去除剩余余量，再次测量余量后，达到图纸要求
				游标深度尺	0～150 mm				

问题记录：

学习环节二　数控车削加工程序的编制

学习目标

(1) 了解 CAD/CAM 软件的基础知识。
(2) 了解 CAD/CAM 软件的加工过程。
(3) 掌握 CAD/CAM 软件后置处理参数的设置。

学习过程

一、件1的加工编程

随着科技的进步，CAD/CAM 软件的应用越来越广泛，尤其对于一些复杂零件，手工编程困难，而采用 CAD/CAM 软件加工则非常方便实用。常用的 CAD/CAM 软件有 UG（Unigraphics NX）、Mastercam、ESPRIT 及国产软件 CAXA 等。世界技能大赛"数控车"赛项官方使用的是 Mastercam 软件，因此，本任务以 Mastercam 2022 版软件为例介绍 CAD/CAM 软件的加工过程。

【操作步骤详解】

1. 工程图绘制

按 Alt +1 键，选择 *XY* 平面为绘图平面，坐标原点为工件原点。利用线端点、平行线、圆角、矩形等功能完成零件线框造型，如图 3.1.8 所示。

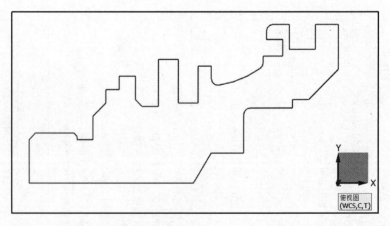

图 3.1.8　零件线框造型

2. 加工件1左端轮廓

（1）机床创建：在菜单栏中选择"机床类型"→"车床"命令，单击"默认"按钮，建立车床。

（2）毛坯创建：在窗口左下角选择"刀路管理" 刀路 实体 平面 最近使用功能 →

机床群组-1 属性-Lathe Default MM ⋯⋯ 毛坯设置命令，弹出"毛坯设置"对话框，单击"毛坯参数"标签设置毛坯，毛坯参数设置如图3.1.9所示。设置完成后的毛坯图示如图3.1.10所示。

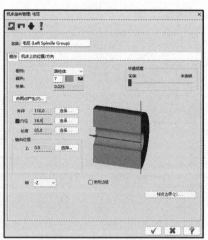

图3.1.9　毛坯参数设置

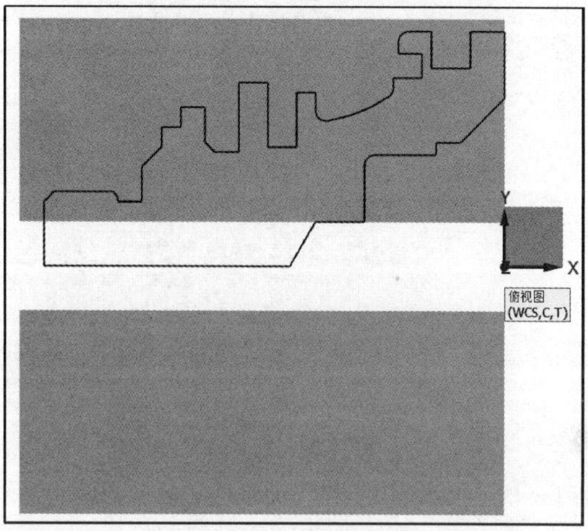

图3.1.10　毛坯图示

（3）内孔粗加工：选择主菜单中的"车削"→"标准"→"粗车"命令，弹出"粗车"对话框，选择车削轮廓，如图3.1.11所示，单击"刀具参数"标签，进入"刀具参数"选项卡，选择合适的内孔车刀，参数设置如图3.1.12所示。参考点选择工件外部。

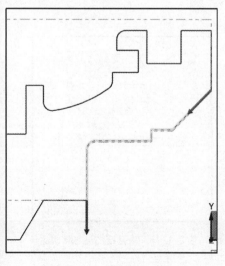

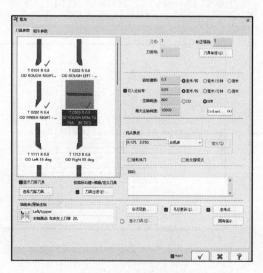

图3.1.11　内孔粗加工轮廓选择

图3.1.12　"刀具参数"选项卡

（4）单击"粗车参数"标签，进入"粗车参数"选项卡，参数设置如图3.1.13

所示。单击右下角"确认"按钮，得到内孔粗加工刀具轨迹，如图3.1.14所示。

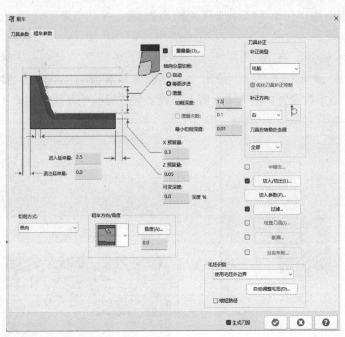

图 3.1.13　"粗车参数"选项卡

（5）内孔精加工：单击"精车"![按钮]按钮，弹出"精车"对话框，内孔精加工轮廓选择与内孔粗加工轮廓一致。

（6）单击"刀具参数"标签，进入"刀具参数"选项卡，刀具选择与内孔粗加工刀具一致。进给速率为"0.1"，主轴转速为"1 000"，参考点选择工件外部，其他参数保持默认，单击右下角"确认"按钮，得到内孔精加工刀具轨迹，如图3.1.15所示。

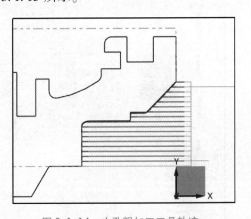
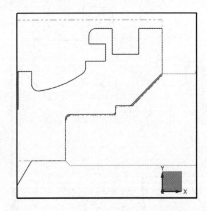

图 3.1.14　内孔粗加工刀具轨迹　　　　图 3.1.15　内孔精加工刀具轨迹

（7）外圆面粗加工：单击"粗车"![按钮]按钮，弹出"粗车"对话框，外圆面粗加工轮廓选择如图3.1.16所示。

注意：选择主菜单中的"线框"→"修改长度"命令，将粗加工轮廓长度延长至 X – 30 位置。

（8）单击"刀具参数"标签，进入"刀具参数"选项卡，选择合适的外圆粗车刀，参考点选择工件外部。

（9）其余参数主轴转速、进给速率、步进量和余量与内孔粗加工参数一致，单击"确认"按钮得到外圆面粗加工刀具轨迹，如图 3.1.17 所示。

（10）外圆面精加工：单击"精车"![精车]按钮，弹出"精车"对话框，外圆面精加工轮廓选择与外圆面粗加工轮廓一致。

（11）单击"刀具参数"标签，进入"刀具参数"选项卡，选择合适的外圆精车刀，参考点选择工件外部。其余参数主轴转速、进给速率、步进量和余量与内孔精加工参数一致，单击"确认"按钮得到外圆面精加工刀具轨迹，如图 3.1.18 所示。

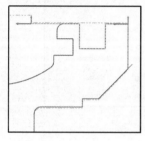 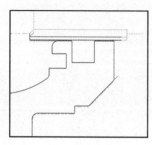 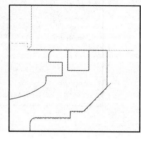

图 3.1.16　外圆面粗加工轮廓选择　　图 3.1.17　外圆面粗加工刀具轨迹　　图 3.1.18　外圆面精加工刀具轨迹

（12）沟槽粗、精加工：单击"沟槽"![沟槽]按钮，弹出"沟槽"对话框，选择"串连"命令，沟槽轮廓选择如图 3.1.19 所示。

（13）单击"刀具参数"标签，进入"刀具参数"选项卡，选择一把刀宽为 4 mm 的切槽车刀，参考点选择工件外部。刀具参数设置如图 3.1.20 所示，单击"沟槽形状参数"标签，进入"沟槽形状参数"选项卡，勾选"使用毛坯外边界"选项。单击"沟槽粗车参数"标签，进入"沟槽粗车参数"选项卡，参数设置如图 3.1.21 所示。

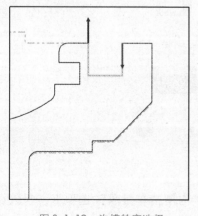

图 3.1.19　沟槽轮廓选择

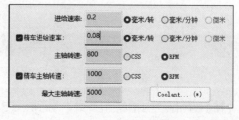

图 3.1.20　刀具参数设置

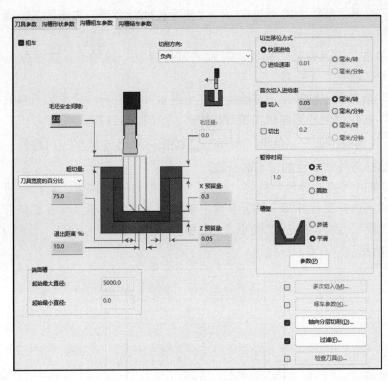

图 3.1.21 "沟槽粗车参数" 选项卡

(14) 单击右下角"轴向分层切削"按钮，弹出"沟槽分层切深设定"对话框，参数设置如图 3.1.22 所示，单击"确认"按钮。

图 3.1.22 "沟槽分层切深设定" 对话框

(15) 单击"沟槽精车参数"标签，进入"沟槽精车参数"选项卡，参数设置如图 3.1.23 所示。单击右下角"切入"按钮，将"第一路径切入"和"第二路径切入"方向设置为"向下",如图 3.1.24 所示,其余设置保持默认,单击"确认"按钮得到沟槽粗、精加工刀具轨迹,如图 3.1.25 所示。

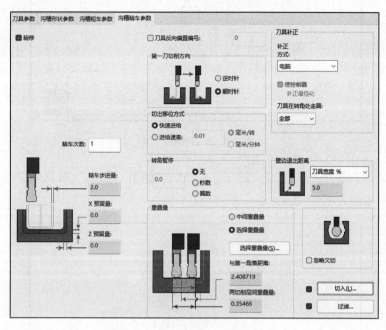

图 3.1.23 "沟槽精车参数"选项卡

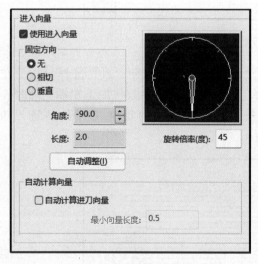

图 3.1.24 切入方向设置

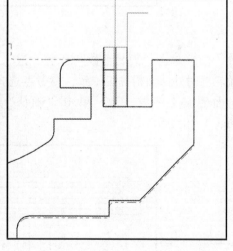

图 3.1.25 沟槽粗、精加工刀具轨迹

3. 加工件 1 右端轮廓

(1)翻转零件图:选择主菜单中的"线框"→"平移、镜像、动态转换"命令,将零件图翻转 180°,并移动到如图 3.1.26 所示位置。

(2)机床创建:创建一个新机床,方法与加工左端轮廓时一致。

(3)毛坯创建:取消毛坯内径,其余参数与加工左端轮廓时一致。

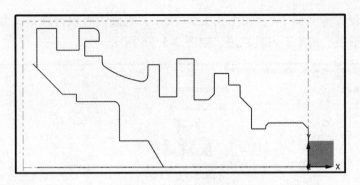

图 3.1.26 翻转零件图

（4）外圆面粗加工：单击"粗车" _{粗车}按钮，弹出"粗车"对话框，外圆面粗加工轮廓选择如图 3.1.27 所示。

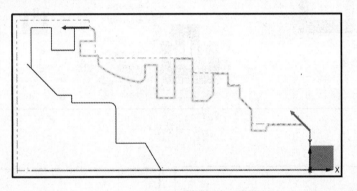

图 3.1.27 外圆面粗加工轮廓选择

（5）单击"刀具参数"标签，进入"刀具参数"选项卡，刀具选择与加工左端轮廓时外圆面粗加工一致，参考点选择工件外部，其余参数与加工左端轮廓时外圆面粗加工参数一致，单击"确认"按钮，得到外圆面粗加工刀具轨迹，如图 3.1.28 所示。

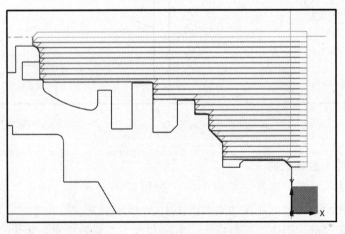

图 3.1.28 外圆面粗加工刀具轨迹

（6）外圆面精加工：单击"精车" ![精车]按钮，弹出"精车"对话框，外圆面精加工轮廓选择与外圆面粗加工轮廓一致。刀具选择及其余参数设置都与加工左端轮廓时外圆面精加工参数一致。单击"确认"按钮，得到外圆面精加工刀具轨迹，如图 3.1.29 所示。

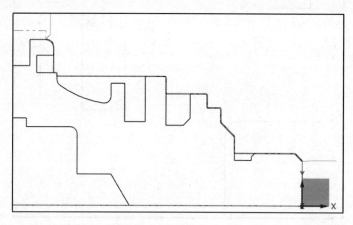

图 3.1.29　外圆面精加工刀具轨迹

（7）沟槽粗、精加工：单击"沟槽" ![沟槽]按钮，弹出"沟槽"对话框，选择"多个串连"命令，沟槽粗、精加工轮廓选择如图 3.1.30 所示。

（8）刀具选择及其余参数设置都与加工左端轮廓时沟槽粗、精加工参数一致，单击"确认"按钮，得到沟槽粗、精加工刀具轨迹，如图 3.1.31 所示。

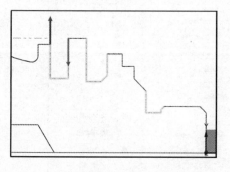

图 3.1.30　沟槽粗、精加工轮廓选择

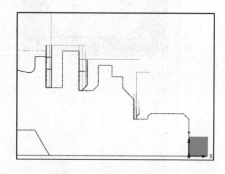

图 3.1.31　沟槽粗、精加工刀具轨迹

（9）圆弧槽粗加工：单击"粗车" ![粗车]按钮，弹出"粗车"对话框，粗加工轮廓选择如图 3.1.32 所示。

注意：利用线框指令添加线段至如图 3.1.32 所示位置。

（10）单击"刀具参数"标签，进入"刀具参数"选项卡，选择一把刀尖圆弧半径为 1.5 mm 的切槽车刀，"主轴转速"及"进给速率"的设置与外圆面粗加工一致。

（11）单击"粗车参数"标签，进入"粗车参数"选项卡，参数设置如图 3.1.33 所示。单击"切入/切出"按钮，打开切入切出的"自动计算向量"，最小向量长度为"0.5 mm"，单击"确认"按钮。

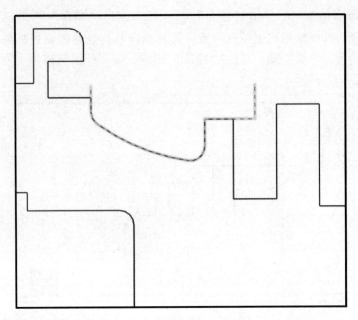

图 3.1.32　圆弧槽粗加工轮廓选择

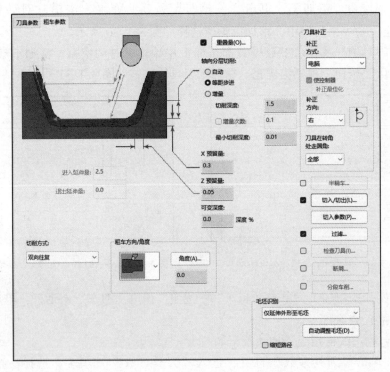

图 3.1.33　"粗车参数"选项卡

（12）单击"切入参数"按钮，弹出"车削切入参数"对话框，切入参数设置如图 3.1.34 所示。单击"确认"按钮，得到圆弧槽粗加工刀具轨迹，如图 3.1.35 所示。

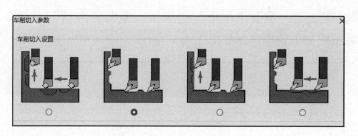

图 3.1.34 "车削切入参数" 对话框

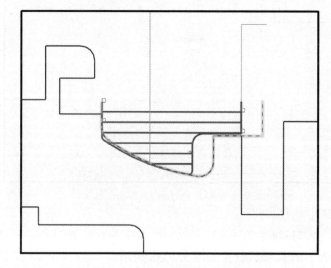

图 3.1.35 圆弧槽粗加工刀具轨迹

（13）圆弧槽精加工：单击"沟槽" 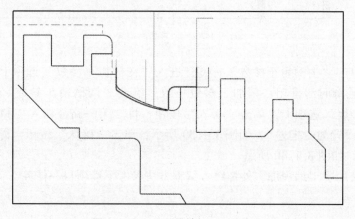按钮，弹出"沟槽"对话框，选择"串连"命令，圆弧槽精加工轮廓选择与圆弧槽粗加工轮廓一致。

（14）刀具选择与圆弧槽粗加工刀具一致，单击"沟槽粗车参数"标签，进入"沟槽粗车参数"选项卡，取消勾选左上角"粗车"复选框。"主轴转速""进给速率""沟槽精车参数"选项卡的参数设置与加工左端轮廓时沟槽粗、精加工参数一致。单击"确认"按钮，得到圆槽精加工刀具轨迹，如图 3.1.36 所示。

图 3.1.36 圆弧槽精加工刀具轨迹

（15）端面槽加工：单击"沟槽" ▦按钮，弹出"沟槽"对话框，选择"串连"命令，端面槽加工轮廓选择如图3.1.37所示。

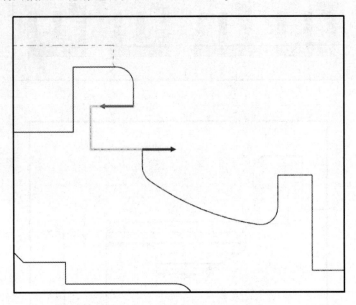

图3.1.37　端面槽加工轮廓选择

（16）单击"刀具参数"标签，进入"刀具参数"选项卡，选择一把刀宽为3 mm的切槽车刀，刀具参数设置如图3.1.38所示。

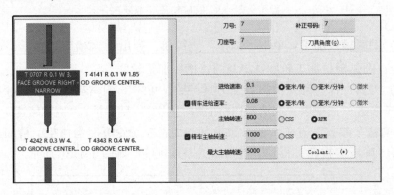

图3.1.38　刀具参数设置

（17）单击"沟槽粗车参数"标签，进入"沟槽粗车参数"选项卡，参数设置与加工左端轮廓时沟槽粗、精加工参数一致，单击"沟槽精车参数"标签，进入"沟槽精车参数"选项卡，单击"切入"按钮，将"第一路径切入"和"第二路径切入"方向设置为"向左"，如图3.1.39所示，单击"确认"按钮，得到端面槽加工刀具轨迹，如图3.1.40所示

（18）采用手工编程加工外螺纹，编程方法参考下篇项目一任务二。

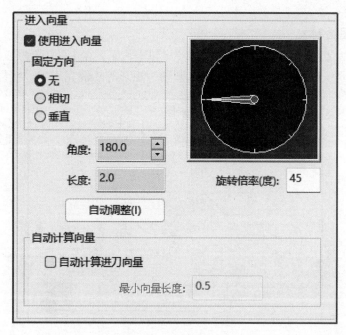

图 3.1.39　切入方向设置

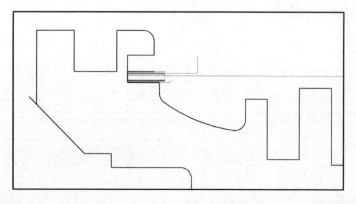

图 3.1.40　端面槽加工刀具轨迹

4. 程序后置处理

该程序可直接用于宝鸡机床集团有限公司生产的 TK50 – FANUC Series 0i – TF 系统卧式数控车床，或上海宇龙软件工程有限公司开发的数控仿真系统。如要用于其他数控车床，则可能需要自行修改某些语句，以适用其数控系统，具体修改方法，请参考数控车床使用说明书。

二、件 2 的加工编程

【操作步骤详解】

注：件 2 除 "内沟槽" 外，粗加工、精加工和沟槽加工的所有刀具选择、参数

设置均与件 1 一致。

1. 工程图绘制

按 Alt + 1 组合键，选择 *XY* 平面为绘图平面，坐标原点为工件原点。如图 3.1.41 所示，利用线端点、平行线、圆角、矩形等功能完成零件线框造型。

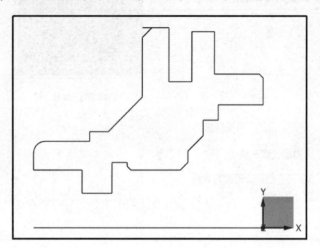

图 3.1.41　零件线框造型

2. 加工件 2 左端轮廓

（1）机床创建：在菜单栏中选择"机床类型"→"车床"命令，单击"默认"按钮，建立车床。

（2）毛坯创建：在窗口左下角选择"刀路管理" 刀路│实体　平面　最近使用功能 →机床群组-1 属性 - Lathe Default MM →毛坯设置命令，弹出"毛坯设置"对话框，单击"毛坯参数"设置毛坯，毛坯参数设置如图 3.1.42 所示。设置完成后的毛坯图示如图 3.1.43 所示。

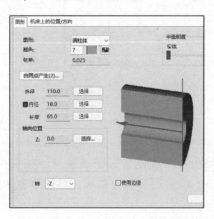

图 3.1.42　毛坯参数设置

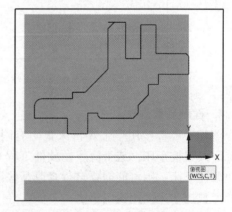

图 3.1.43　毛坯图示

（3）内孔粗加工：选择主菜单中的"车削"→"标准"→"粗车"命令，弹出"粗车"对话框，选择车削轮廓，如图 3.1.44 所示，单击"刀具参数"标签，进入"刀具参数"选项卡，选择合适的内孔车刀，参数设置与件 1 内孔粗加工刀具参数一致。

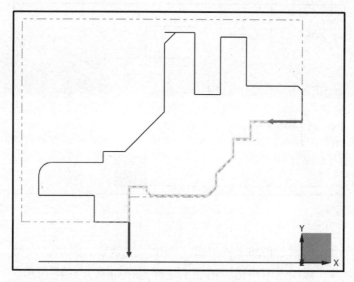

图3.1.44 内孔粗加工轮廓选择

（4）单击"粗车参数"标签，进入"粗车参数"选项卡，参数设置与件1内孔粗加工参数一致。单击右下角"确认"按钮，得到内孔粗加工刀具轨迹，如图3.1.45所示。

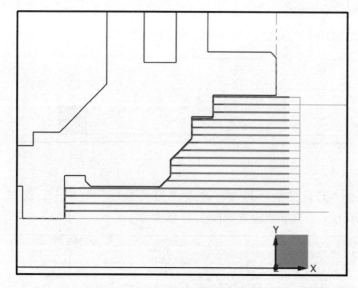

图3.1.45 内孔粗加工刀具轨迹

（5）内孔精加工：单击"精车" ![精车]按钮，弹出"精车"对话框，内孔精加工轮廓选择与内孔粗加工轮廓一致。

（6）单击"刀具参数"标签，进入"刀具参数"选项卡，刀具选择与内孔粗加工刀具一致，其余参数设置与件1内孔精加工刀具参数一致。单击"精车参数"标签，进入"精车参数"选项卡，参数设置与件1内孔精加工参数一致。单击右下角"确认"按钮，得到内孔精加工刀具轨迹，如图3.1.46所示。

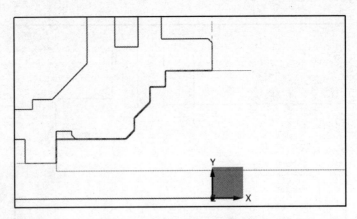

图 3.1.46　内孔精加工刀具轨迹

（7）螺纹退刀槽粗、精加工：单击"沟槽" 按钮，弹出"沟槽"对话框，选择"串连"命令，螺纹退刀槽粗、精加工轮廓选择如图 3.1.47 所示。

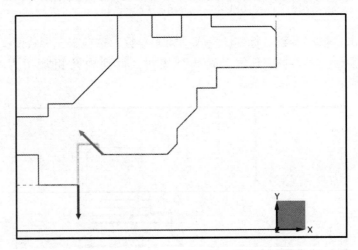

图 3.1.47　螺纹退刀槽粗、精加工轮廓选择

（8）单击"刀具参数"标签，进入"刀具参数"选项卡，选择一把刀宽为 3 mm 的切槽车刀，刀具参数设置如图 3.1.48 所示。

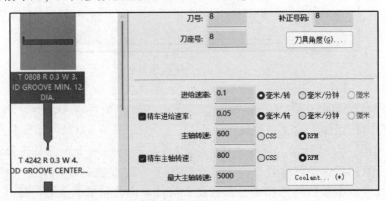

图 3.1.48　刀具参数设置

（9）单击"沟槽粗车参数"标签，进入"沟槽粗车参数"选项卡，单击"轴向分层切削"按钮，弹出"沟槽分层切深设定"对话框，参数设置如图 3.1.49 所示。单击"沟槽精车参数"标签，进入"沟槽精车参数"选项卡，单击右下角"切入"按钮，将"第一路径切入"和"第二路径切入"方向设置为"向上"，如图 3.1.50 所示，其余参数与件 1 沟槽粗、精加工参数一致。单击右下角"确认"按钮，得到螺纹退刀槽粗、精加工刀具轨迹，如图 3.1.51 所示。

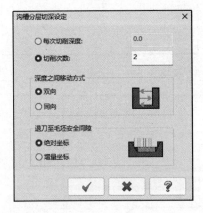

图 3.1.49　"沟槽分层切深设定"对话框

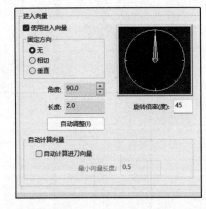

图 3.1.50　切入参数设置

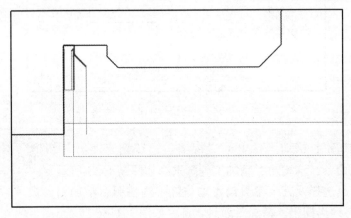

图 3.1.51　螺纹退刀槽粗、精加工刀具轨迹

（10）采用手工编程加工内螺纹，编程方法参考下篇项目二任务一。

（11）外圆面粗加工：单击"粗车" 按钮，弹出"粗车"对话框，外圆面粗加工轮廓选择如图 3.1.52 所示。

（12）单击"刀具参数"标签，进入"刀具参数"选项卡，刀具选择与件 1 外圆面粗加工刀具一致，参考点选择工件外部，其余参数与件 1 外圆面粗加工参数一致，单击"确认"按钮，得到外圆面粗加工刀具轨迹，如图 3.1.53。

（13）外圆面精加工：单击"精车" 按钮，弹出"精车"对话框，外圆面精加工轮廓选择与外圆面粗加工轮廓一致。刀具选择及其余参数设置都与件 1 外圆面精加工参数一致。单击"确认"按钮，得到外圆面精加工刀具轨迹，如图 3.1.54 所示。

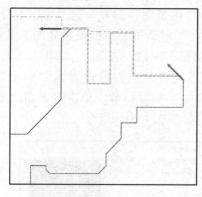

图 3.1.52　外圆面粗加工轮廓选择

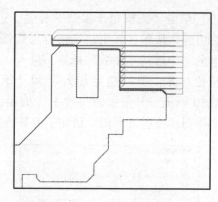

图 3.1.53　外圆面粗加工刀具轨迹

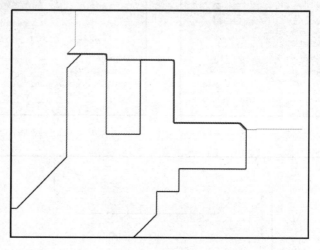

图 3.1.54　外圆面精加工刀具轨迹

（14）沟槽粗、精加工：单击"沟槽" 沟槽按钮，弹出"沟槽"对话框，选择"多个串连"命令，沟槽粗、精加工轮廓选择如图 3.1.55 所示。

（15）刀具选择及其余参数设置均与件 1 沟槽粗、精加工参数一致，单击"确认"按钮，得到沟槽粗、精加工刀具轨迹，如图 3.1.56 所示。

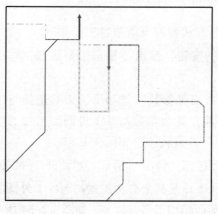

图 3.1.55　沟槽粗、精加工轮廓选择

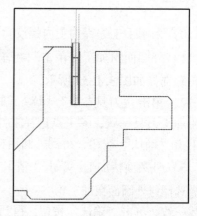

图 3.1.56　沟槽粗、精加工刀具轨迹

3. 加工件2右端轮廓

（1）翻转零件图：选择主菜单中的"线框"→"平移、镜像、动态转换"命令，将零件图翻转180°，并移动到如图3.1.57所示位置。

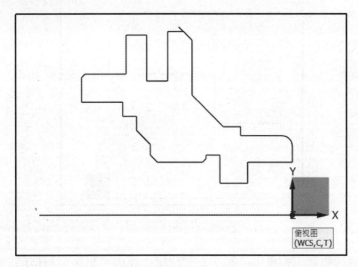

图 3.1.57　翻转零件图

（2）机床创建：创建一个新机床，创建方法与加工左端轮廓时一致。

（3）毛坯创建：毛坯参数设置与加工左端轮廓时一致。

（4）内孔粗加工：单击"粗车" 按钮，弹出"粗车"对话框，内孔粗加工轮廓选择如图3.1.58所示。单击"刀具参数"标签，进入"刀具参数"选项卡，刀具选择与加工左端轮廓时内孔粗加工一致，参考点选择工件外部，其余参数与加工左端轮廓时内孔粗加工参数一致，单击"确认"按钮，得到内孔粗加工刀具轨迹，如图3.1.59所示。

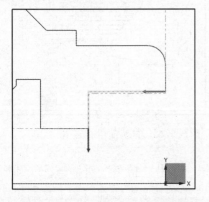

图 3.1.58　内孔粗加工轮廓选择

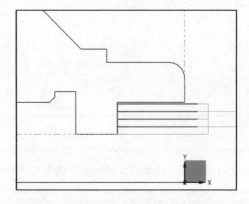

图 3.1.59　内孔粗加工刀具轨迹

（5）内孔精加工：单击"精车" 按钮，弹出"精车"对话框，内孔精加工轮廓选择与内孔粗加工轮廓一致。单击"刀具参数"标签，进入"刀具参数"选项卡，刀具选择与内孔粗加工一致，其余参数与加工左端轮廓时内孔精加工参数一致，单击"确认"按钮，得到内孔精加工刀具轨迹，如图 3.1.60 所示。

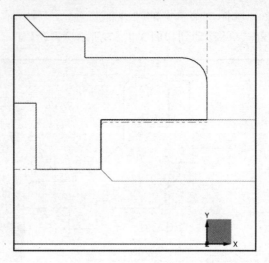

图 3.1.60　内孔精加工刀具轨迹

（6）外圆面粗加工：单击"粗车" 按钮，弹出"粗车"对话框，外圆面粗加工轮廓选择如图 3.1.61 所示。单击"刀具参数"标签，进入"刀具参数"选项卡，刀具选择与加工左端轮廓时外圆面粗加工一致，参考点选择工件外部，其余参数与加工左端轮廓时外圆面粗加工参数一致，单击"确认"按钮，得到外圆面粗加工刀具轨迹，如图 3.1.62 所示。

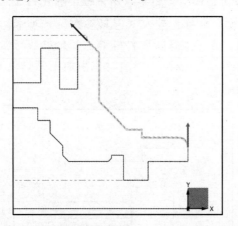

图 3.1.61　外圆面粗加工轮廓选择

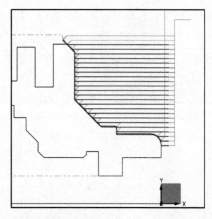

图 3.1.62　外圆面粗加工刀具轨迹

（7）外圆面精加工：单击"精车" 按钮，弹出"精车"对话框，外圆面精加工轮廓选择与外圆面粗加工轮廓一致。刀具选择及其余参数都与加工左端轮廓时外圆面精加工参数一致。单击"确认"按钮，得到外圆面精加工刀具轨迹，如图 3.1.63 所示。

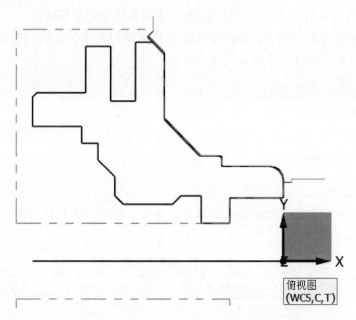

图 3.1.63　外圆面精加工刀具轨迹

4. 程序后置处理

该程序可直接用于宝鸡机床集团有限公司生产的 TK50 – FANUC Series 0i – TF 系统卧式数控车床，或上海宇龙软件工程有限公司开发的数控仿真系统。如要用于其他数控车床，则可能需要自行修改某些语句，以适用其数控系统，具体修改方法，请参考数控车床使用说明书。

问题记录：_____

_____

_____

学习环节三　零件数控车削加工

学习目标

（1）能够按照企业对生产车间环境、安全、卫生、生产和事故的预防等标准，正确穿戴劳动防护用品，并严格执行生产安全操作规程。

（2）能够根据零件图，确定符合加工要求的工具、量具、夹具及辅具。

（3）能够正确装夹工件，并对其进行找正。

（4）能够正确规范地装夹数控车刀，并正确对刀，建立工件坐标系。

（5）能够正确进行程序编辑、输入、模拟、调试、优化等操作。

（6）能够规范使用量具，并在加工过程中适时检测，保证工件加工精度。

（7）能够独立解决在加工中出现的程序报警及机床简单故障。

（8）能够按车间现场 6S 管理和产品工艺流程的要求，正确规范地保养机床，并填写设备日常维护保养记录表（见附表 2）。

学习过程

一、加工准备

1. 着装自检

根据生产车间着装管理规定，进行着装自检，并填写着装自检表。着装自检表如表 3.1.6 所示。

表 3.1.6　着装自检表

序号	着装要求	自检结果
1	穿好工作服，做到三紧（下摆、领口、袖口）	
2	穿好劳保鞋	
3	戴好防护镜	
4	工作服外不得显露个人物品（挂牌、项链等）	
5	不可佩戴挂牌等物件	
6	若留长发，则需束起，并戴工作帽	

2. 机床准备

机床准备卡片如表 3.1.7 所示。

表 3.1.7　机床准备卡片

检查项目	机械部分				电器部分		数控系统部分			辅助部分	
	主轴	进给	刀架	润滑	电源	散热	电气	控制	驱动	冷却	润滑
检查情况											
注：经检查后该部分完好，在相应项目下打"√"；若出现问题，则应及时报修。											

3. 领取工具、量具及刀具

工具、量具及刀具表如表 3.1.8 所示。

表 3.1.8　工具、量具及刀具表

序号	名称	图片	数量	备注
1	刀尖角 80°外圆车刀	**DCLNR/L** KAPR:95°	1 把	

序号	名称	图片	数量	备注
2	刀尖角35°外圆车刀		1把	
3	4 mm 切槽车刀		1把	
4	外螺纹车刀		1把	
5	内孔车刀		1把	
6	3 mm 端面槽刀		1把	
7	3 mm 内孔槽刀		1把	
8	内螺纹车刀		1把	
9	0～25 mm、25～50 mm、50～75 mm、75～100 mm、100～125 mm 外径千分尺		各1把	

序号	名称	图片	数量	备注
10	0~25 mm、25~50 mm、50~75 mm、75~100 mm 叶片千分尺	①片厚0.4 mm ②片厚0.7 mm	各1把	
11	40~50 mm、50~63 mm、62~75 mm 三点内径千分尺	合金测量面	各1把	
12	0~25 mm、25~50 mm 公法线千分尺		各1把	
13	游标深度尺		各1把	
14	螺纹环规、螺纹塞规		各1套	
15	0~150 mm 游标卡尺		1把	
16	铜皮、铜棒		各1个	
17	刀架扳手、卡盘扳手		各1个	

4. 正确选择切削液

本任务选择3%~5%的乳化液作为切削液。

5. 领取毛坯

领取毛坯，测量并记录所领毛坯的实际外形尺寸，判断毛坯是否有足够的加工余量，以及其外形是否满足加工条件。

二、 零件数控车削加工

1. 开机准备

正确开机，回参考点，建立机床坐标系，使机床对其后的操作有一个基准位置。

2. 安装毛坯和刀具

夹住毛坯外圆，伸出长度为 40 mm 左右，调头装夹，在加工左端轮廓时，需垫入铜皮，且在夹紧工件时不能使工件变形。

依次将 T01 外圆粗车刀、T05 内孔车刀、T03 切槽车刀及 T04 外螺纹车刀装夹在车床刀架 1、2、3、4 号等刀位中，使刀具刀尖与工件回转中心等高。

3. 对刀操作

零件左、右端轮廓加工都可采用试切法对刀。

4. 输入程序并检验

将程序输入数控系统，按照加工顺序依次调出所有程序，进行程序校验。在程序校验时，通常按下图形显示▓、"机床锁"▓功能按键校验程序，观察刀具轨迹。也可以采用数控仿真软件进行仿真验证。

5. 件 1 加工

（1）加工件 1 左端轮廓。

①按下"手轮"模式功能按键，将 $\phi18$ mm 钻头装入尾座套筒钻孔，孔深为 40 mm 左右。

②调出程序 O0001，检查工件、刀具是否按要求夹紧，刀具是否已对刀。

③按下"自动方式"▓功能按键，进入 AUTO 自动加工方式，调小进给倍率，按下"单段"▓功能按键，设置单段运行，按下"循环启动"功能按键进行零件加工，在每段程序运行结束后继续按下"循环启动"功能按键，即可一步一步执行程序加工零件。在加工中观察切削情况，逐步将进给倍率调至适当大小。

④当程序运行到粗加工结束段，粗加工完毕后停机，适时测量内孔直径，根据尺寸误差，调整刀具补正参数，保证零件尺寸精度。

⑤继续按下"循环启动"功能按键，运行内孔轮廓精加工程序，保证尺寸精度。

⑥将内孔车刀替换为外圆精车刀，依照上述加工方法，依次调出程序 O0002、程序 O0003，加工外圆面、沟槽，并保证尺寸精度。

（2）加工件 1 右端轮廓。

①调头装夹 $\phi95^{-0.012}_{-0.034}$ mm 外圆，手动加工保证总长为 （95±0.05） mm，调出程序 O0004。在 AUTO 自动加工方式下，按下"循环启动"功能按键进行外圆面自动加工，并保证尺寸精度。外圆面加工完成后，调出程序 O0005 加工沟槽，并保证尺寸精度。

②将切槽车刀替换为圆弧槽刀，调用斜底槽程序加工斜底槽。

③调出程序 O0006，进行外螺纹加工。

④将圆弧槽刀替换为端面槽刀，调出程序 O0007 加工端面槽，并保证尺寸精度。

6. 件2 加工

（1）加工件2 左端轮廓。

注：件2 加工方式参考件1。

①依次将 T01 外圆粗车刀，T05 内孔车刀、T08 内孔槽刀及 T09 内螺纹车刀装夹在车床刀架1、2、3、4 号刀位中，使刀具刀尖与工件回转中心等高。

②夹住毛坯外圆，伸出长度为 40 mm 左右，在"手轮"模式下，加工右端面，调出程序 O0001，检查工件、刀具是否按要求夹紧，刀具是否已对刀。在 AUTO 自动加工方式下，按下"循环启动"功能按键进行内孔自动加工，并保证尺寸精度。

③调出程序 O0002，加工内螺纹退刀槽。

④调出程序 O0003，进行内螺纹加工。

⑤将内孔槽刀、内螺纹车刀替换为外圆精车刀、切槽车刀。依次调出程序 O0004、程序 O0005 加工外圆面及沟槽，并保证尺寸精度。

（2）加工件2 右端轮廓。

①调头装夹 $\phi 80_{-0.029}^{-0.01}$ mm 外圆，手动加工保证总长为（61 ± 0.05）mm。

②依次调出程序 O0006、程序 O0007，加工内孔及外圆面，并保证尺寸精度。

三、 保养机床、 清理场地

在加工完毕后，按照零件图要求进行自检，正确放置零件，并进行产品交接确认；按照国家环保相关规定和车间现场 6S 管理要求整理现场、清扫切屑、保养机床，并正确处置废油液等废弃物；按照车间规定填写交接班记录（见附表1）和设备日常维护保养记录表（见附表2）。

学习环节四　零件检测与评价

学习目标

（1）在教师的指导下，能够使用游标卡尺、外径千分尺等量具对零件进行检测。

（2）能够分析零件超差原因，并提出修改意见。

（3）能够根据实训室管理要求，合理保养、维护、放置工具及量具。

（4）能够填写零件质量检测结果报告单。

学习过程

一、明确测量要素，选取检测量具

游标卡尺、外径千分尺、叶片千分尺、内径千分尺、螺纹环规、公法线千分尺（见图3.1.64）、游标深度尺（见图3.1.65）、螺纹塞规。

图3.1.64 公法线千分尺

图3.1.65 游标深度尺

二、检测零件，并填写零件质量检测结果报告单

零件质量检测结果报告单如表3.1.9、表3.1.10所示。

表3.1.9 件1质量检测结果报告单

单位名称		件1		班级学号		姓名	成绩
零件图号				零件名称			
项目	序号	考核内容		配分	评分标准	检测结果	得分
						学生 / 教师	
圆柱面	1	$\phi 95^{-0.012}_{-0.034}$	IT	3	超差不得分		
	2	$\phi 80^{-0.01}_{-0.029}$	IT	3	超差不得分		
	3	$\phi 50^{0}_{+0.025}$	IT	3	超差不得分		
	4	$\phi 76^{0}_{-0.02}$	IT	3	超差不得分		
	5	$\phi 86^{+0.02}_{0}$	IT	3	超差不得分		
	6	$\phi 74^{-0.010}_{-0.029}$	IT	3	超差不得分		
	7	$\phi 70^{-0.010}_{-0.029}$	IT	3	超差不得分		
	8	$\phi 64^{-0.010}_{-0.029}$	IT	3	超差不得分		
	9	$\phi 56^{-0.010}_{-0.029}$	IT	3	超差不得分		
	10	$\phi 48^{+0.025}_{0}$	IT	3	超差不得分		
	11	$\phi 46^{+0.025}_{0}$	IT	3	超差不得分		
	12	$\phi 45^{+0.025}_{0}$	IT	3	超差不得分		

续表

项目	序号	考核内容		配分	评分标准	检测结果		得分
						学生	教师	
长度	13	95 ± 0.05	IT	3	超差不得分			
	14	$14^{+0.025}_{0}$	IT	3	超差不得分			
	15	$29^{+0.03}_{0}$)	IT	3	超差不得分			
	16	$4^{+0.03}_{0}$)	IT	3	超差不得分			
	17	$6^{-0.01}_{-0.022}$	IT	3	超差不得分			
	18	$5^{0}_{-0.02}$	IT	3	超差不得分			
	19	$5^{0}_{-0.03}$	IT	3	超差不得分			
	20	$4^{+0.02}_{0}$	IT	3	超差不得分			
	21	$4^{0}_{-0.03}$	IT	3	超差不得分			
	22	$7^{0}_{-0.02}$	IT	3	超差不得分			
	23	$8^{+0.02}_{0}$	IT	3	超差不得分			
	24	$6^{+0.018}_{0}$	IT	3	超差不得分			
	25	$7^{+0.022}_{0}$	IT	3	超差不得分			
圆弧面	26	$R2$	IT	3	超差不得分			
	27	$R2$	IT	3	超差不得分			
	28	$R30$	IT	3	超差不得分			
螺纹	29	$M30 \times 1.5 - 6g$	IT	7	超差不得分			
粗糙度	30	$Ra\ 1.6$	Ra	每处 1.5 分	降级不得分			
检测结论								
产生不合格品原因								

表 3.1.10　件 2 质量检测结果报告单

单位名称		件 2			班级学号		姓名	成绩
零件图号				零件名称				
项目	序号	检测项目		配分	评分标准	检测结果		得分
						学生	教师	
圆柱面	1	$\phi102_{-0.034}^{-0.012}$	IT	4	超差不得分			
	2	$\phi104_{-0.034}^{-0.012}$	IT	4	超差不得分			
	3	$\phi80_{-0.029}^{-0.01}$	IT	4	超差不得分			
	4	$\phi76_{-0.02}^{0}$	IT	4	超差不得分			
	5	$\phi64_{0}^{+0.03}$	IT	4	超差不得分			
	6	$\phi56_{0}^{+0.03}$	IT	4	超差不得分			
	7	$\phi50_{-0.025}^{-0.009}$	IT	4	超差不得分			
	8	$\phi45_{-0.025}^{-0.009}$	IT	4	超差不得分			
	9	$\phi30_{0}^{+0.021}$	IT	4	超差不得分			
	10	$\phi41_{-0.03}^{0}$	IT	4	超差不得分			
	11	$\phi12_{-0.02}^{0}$	IT	4	超差不得分			
长度	12	61 ± 0.05	IT	4	超差不得分			
	13	$13_{-0.02}^{0}$	IT	4	超差不得分			
	14	$6_{-0.022}^{-0.01}$	IT	4	超差不得分			
	15	$6_{0}^{+0.018}$	IT	4	超差不得分			
	16	$7_{-0.028}^{-0.013}$	IT	4	超差不得分			
	17	$15_{0}^{+0.03}$	IT	4	超差不得分			
圆弧面及倒角	18	$R3$	IT	4	超差不得分			
	19	$C1$	IT	4	超差不得分			
	20	$C2.5$	IT	4	超差不得分			
	21	$C2$	IT	4	超差不得分			
螺纹	22	$M30\times1.5-7H$	IT	6	降级不得分			
粗糙度	23	$Ra1.6$	Ra	每处 2 分	降级不得分			
检测结论								
产生不合格品原因								

三、 小组检查及评价

小组评价表如表 3.1.11 所示。

表 3.1.11 小组评价表

单位名称		零件名称	零件图号	小组编号
班级学号	姓名	表现	零件质量	排名

小组点评：_____

_____

_____

四、 教师填写考核结果报告单

考核结果报告单（教师填写）如表 3.1.12 所示。

表 3.1.12 考核结果报告单（教师填写）

单位名称		班级学号		姓名		成绩	
		零件图号		零件名称		定位销	
序号	项目	考核内容			配分	得分	项目成绩
1	零件质量 （25 分）	圆柱面			7.5		
		长度			2.5		
		螺纹			5		
		倒角			2.5		
		圆弧槽、沟槽			7.5		
2	工艺方案 制订 （30 分）	零件图工艺信息分析			6		
		刀具、工具及量具的选择			6		
		确定零件定位基准和装夹方式			3		
		确定对刀点及对刀			3		
		制订加工方案			3		
		确定切削用量			4.5		
		填写数控加工工序卡			4.5		

序号	项目	考核内容	配分	得分	项目成绩
3	编程加工 （20 分）	数控车削加工程序的编制	8		
		零件数控车削加工	12		
4	刀具、夹具 及量具的 使用（10 分）	量具的使用	4		
		刀具的安装	3		
		工件的安装	3		
5	安全文明 生产 （10 分）	按要求着装	2		
		操作规范，无操作失误	5		
		保养机床、清理场地	3		
6	团队协作 （5 分）	能与小组成员和谐相处，互相学习、互相帮助、不一意孤行	5		

五、个人工作总结

在教师指导下分析零件加工质量，分析自己加工零件的超差形式及形成原因，填写个人工作总结报告（见表 3.1.13）。

表 3.1.13　个人工作总结报告

单位名称		零件名称		零件图号	
班级学号		姓名		成绩	

附　录

附表 1　交接班记录

设备名称			型号			编号		使用班组	
项目	交接机床	交接工具	交接量具	交接刀具	交接图样	交接材料	交接成品件	交接半成品件	工艺技术交流
数量使用情况									
交班人									
接班人									
日期									

附表 2　设备日常维护保养记录表

年　月

设备名称：数控车床	型号		管理编号：		

周期	每日保养	v	每周保养	△	备注
	每月保养	O	故障维修	×	保养异常及设备缺陷及时记录，并通知检修班长或厂家维修

保养周期	保养项目规范	日　期																							
		1	2	3	4	5	6	7	8	9	10	11	12	13	14	15	16	17	18	19	20	21	22	23	24	25
每日保养项	擦净外露导轨面及工作台面的灰尘																									
	检查油箱内的油面应不低于油标																									
	托板和滑板用油枪给油杯每班注机油2次。Z轴方向丝杆右支撑处，X轴方向丝杆两端支撑处及齿轮箱每班注机油2次																									
	检查各手柄灵活性及可靠性																									
	空车试运转，确认安全且其附属装置稳定可靠																									

续表

保养周期	保养项目规范	日　期																							
		1	2	3	4	5	6	7	8	9	10	11	12	13	14	15	16	17	18	19	20	21	22	23	24	25
每周保养项	检查主轴螺母有无松动，定位螺钉应调整适宜																									
	清洁油毡，要求给油杯齐全、油路畅通、油窗明亮																									
	检查冷却泵过滤器及冷却槽，清除切削液中的脏物和铁屑																									
	清扫电机及电器箱外灰尘																									
每月保养项	检查各导轨的刮屑板，保持清洁，如有磨损，则及时更换。清除导轨面及工作台合面上的碰毛刺																									
	检查并调整电机皮带，要求松紧适宜																									
	检查切削液管路，保证无漏水现象																									
每季保养项	每三个月清洗一次油箱，并换油一次（28 L 左右），保证油面不低于油标																									
	保养作业员签名																									

g笔记

附表3　上篇项目　整体教学评价

项目名称					
项目时间		年　月　日—　　年　月　日			
项目责任人（或小组）					
项目完成情况					

评价项目		评分依据	优秀	良好	合格	继续努力
自我评价 35分	理论掌握 10分	（1）认真学习，理解基础理论知识（6分，合格）。（2）积极参与讨论，掌握项目中的理论知识（7~8分，良好）。（3）掌握理论知识，并能举一反三，理解相关知识要点（9~10分，优秀）				
	实操掌握 10分	（1）认真学习，完成本项目操作，且能达到基本要求（6分，合格）。（2）积极参与操作，敢于承担，独立完成本项目，并掌握其知识要点（7~8分，良好）。（3）保证本项目的完成质量，掌握其操作及相关知识技能的要点（9~10分，优秀）				
	理实结合 10分	在理解本项目的理论知识和操作技能的前提下，能独立完成本项目的全过程，并能够通过理论联系实际，做到举一反三，完成相似的项目				
	灵活应变 5分	在处理紧急事件时沉着、冷静，能够利用所掌握的知识技能解决问题				
个人自评总分						

评价项目	其他组员	评分依据	优秀	良好	合格	继续努力
组内或组间互评 20分		（1）认真完成各项任务，做到积极思考，勇于承担。（2）积极参与各项活动、小组讨论、成果制作等过程，具有较强的团队精神、合作意识。（3）组织、协调能力强，主动性强，表现突出。（4）完成学习任务，各项作品齐全完整，并按要求命名和存放。（5）能够客观有效地评价同伴的学习。（6）项目成果符合设计要求				
小组互评平均分						

录　■　181

论价项目	评分依据	优秀	良好	合格	继续努力
教师及学生代表总评45分	（1）精神饱满、态度积极、互帮互学（5分）。 （2）项目制作过程符合操作要求，没有犯明显错误（10分）。 （3）完成学习任务，各项作品齐全完整，并按要求命名和存放（10分）。 （4）项目成果的整体效果好，满足设计要求（10分）。 （5）成果展示、现场讲解、答辩等过程表现很好（10分）				
该项目总计得分					

参考文献

［1］李银海，戴素江．机械零件数控车削加工［M］．北京：科学出版社，2008．

［2］吉琳．简单零件数控车床加工教师用书［M］．北京：中国劳动社会保障出版社，2022．

［3］燕峰．数控车床编程与加工［M］．北京：机械工业出版社，2018．

［4］杨琳．数控车床加工工艺与编程［M］．北京：中国劳动社会保障出版社，2009．

［5］王增杰．数控加工工艺编程与操作国产数控系统铣床与加工中心分册［M］．北京：中国劳动社会保障出版社，2008．

［6］崔昭国．数控车床 Fanuc 系统编程与操作实训［M］．北京：中国劳动社会保障出版社，2008．

［7］王金泉，黄伟斌，马勇．数控车床综合实训［M］．北京：中国轻工业出版社，2008．

［8］张潞青．数控编程与操作实训课题（数控车床　中级模块）［M］．北京：中国劳动社会保障出版社，2010．

［9］许孔联，赵建林，刘怀兰．数控车铣加工实操教程（中级）［M］．北京：机械工业出版社，2021．

［10］洪惠良．金属切削原理与刀具［M］．北京：中国劳动社会保障出版社，2006．

［11］关雅梅．车工实训［M］．北京：化学工业出版社，2010．

［12］刘蔡保．数控车床编程与操作［M］．2 版．北京：化学工业出版社，2019．